大兴安岭林火与土壤氮循环

孙 龙 胡同欣 李 飞 著

科学出版社

北京

内 容 简 介

林火干扰可影响植被组成，改变凋落物养分归还，并将长期影响土壤氮循环动态。本书从火干扰后兴安落叶松凋落物分解出发，探究火干扰对兴安落叶松林凋落物分解速率生态化学计量特征及土壤氮循环的影响机制，以期揭示火干扰在北方针叶林生态系统氮循环中的作用，评价火干扰后植被恢复与氮固持的相互作用机制，为进一步开展火干扰后的生态系统恢复提供科学依据。

本书适用于高校生态学专业教师及学生，也可供生态学工作者、林业科研人员、林业生产部门工作人员参考使用。

图书在版编目（CIP）数据

大兴安岭林火与土壤氮循环 / 孙龙，胡同欣，李飞著. —北京：科学出版社，2022.3

ISBN 978-7-03-071783-2

Ⅰ. ①大⋯　Ⅱ. ①孙⋯　②胡⋯　③李⋯　Ⅲ. ①大兴安岭-森林火-影响-森林土-氮循环-研究　Ⅳ. ①S762　②S714.8

中国版本图书馆CIP数据核字（2022）第042326号

责任编辑：张会格　刘　晶 / 责任校对：郑金红
责任印制：吴兆东 / 封面设计：刘新新

科 学 出 版 社 出版
北京东黄城根北街 16 号
邮政编码：100717
http://www.sciencep.com

北京九州迅驰传媒文化有限公司 印刷
科学出版社发行　各地新华书店经销
*

2022 年 3 月第　一　版　开本：720 × 1000 1/16
2022 年 3 月第一次印刷　印张：8 1/4
字数：169 000

定价：150.00 元
（如有印装质量问题，我社负责调换）

前　言

森林火灾是陆地生态系统中最重要的干扰因素之一，全球每年发生火灾约 22 万次以上，烧毁各种森林达 640 万 hm^2，严重地改变了森林生态系统的结构与功能。林火干扰对森林生态系统具有直接影响和间接影响。林火可直接烧毁林木，并向大气中释放大量 CO_2，导致温室效应加剧；同时还可以间接改变火干扰后的土壤环境因子，从而促进森林生态系统的恢复，影响物质循环和能量流动。火干扰可影响植被组成，进而导致凋落物质量发生改变，影响凋落物化学特性，并将长期影响土壤养分环境。氮素是植物生长发育所必需的重要元素之一。在森林生态系统中，氮循环主要是在森林植被和土壤之间进行，并在一定情况下保持平衡。林火可直接造成一部分氮素挥发，另一部分残留在灰分中随地表径流流失。同时，由于林火加剧了氮矿化过程，可使土壤氮的有效性增强，有利于植物吸收。

大兴安岭是我国唯一的寒温带地区，其森林植被是世界范围寒温带森林组成的一部分，在维持全球生态平衡方面具有重要意义，对全球气候变暖也最为敏感。兴安落叶松（*Larix gmelinii*）林是我国高纬度地区北方针叶林生态系统中的重要树种之一，探究火干扰对兴安落叶松林土壤氮循环的影响机理，对于量化分析中国北方针叶林生态系统在全球气候变化中所起到的作用具有重要意义。目前越来越多的学者开始关注火干扰后养分输入和氮素循环机制，但是在北方针叶林生态系统中开展火干扰对土壤氮循环的研究尚不多见。火干扰后短期氮循环的研究已经开展很多，但是火干扰后长期氮循环影响的研究十分缺乏。本书以火干扰后中国北方针叶林典型林分——兴安落叶松林凋落物养分归还和土壤氮循环动态变化为研究内容，选择火干扰后不同时期的火烧迹地及火干扰后人工造林地进行采样、连续监测，研究火干扰对森林土壤氮素转化的过程、固持机制及主要影响因素，以期揭示火干扰在北方针叶林生态系统氮循环中的作用，评价火干扰后植被恢复与氮固持的相互作用机制，为进一步开展火干扰后生态系统恢复提供科学依据。

本书共分为 9 章。第 1 章是概论，阐述了林火与氮循环研究进展，包括林火对兴安落叶松林凋落物、土壤氮矿化过程和土壤微生物的影响，介绍土壤氮矿化、微生物研究方法，并且表明大兴安岭林火与氮循环研究的目的和意义。第 2 章介绍研究区域概况，包括研究区域选择的意义、地质地貌、气候特征、植被状况、土壤条件。第 3 章介绍了氮循环过程中主流研究方法，并且详细介绍了本书试验方法。第 4 章介绍了火干扰对凋落物分解及其碳氮磷化学计量的影响，包括火干扰对凋落物分解速率、碳氮磷含量及其化学特征的影响。第 5 章阐述了火干扰对土壤微生物生物量氮固持与转化的影响，包括火干扰对土壤养分元素和微生物生物量氮时空动态、火干扰后土壤微生物生物量氮与土壤无机氮矿化速率的关系、土壤微生物生物量氮与微生物生物量碳的关系及火干扰后土壤微生物生物量氮的影响因素。第6章是火干扰对森林土壤氮矿化的影响，包括火干扰后铵态氮、硝态氮和无机氮的时空动态，火干扰对土壤净铵化速率、净硝化速率和净矿化速率的影响，以及火干扰后土壤净矿化速率影响因子。第7章是火干扰后不同恢复方式对土壤微生物氮固持和净矿化速率的影响，包括火干扰后不同恢复方式对土壤性质、土壤微生物生物量、土壤无机氮、净矿化速率、生物多样性和豆科植物的影响。第8章是火干扰后室内培养条件下森林土壤的矿化特征，包括火干扰后室内培养条件下土壤化学性质、土壤微生物生物量氮、土壤无机氮库、土壤净矿化速率的变化规律，并探究了火干扰后室内培养条件下土壤净矿化速率的影响因素。第9章对全书进行了系统总结。在每一章中，我们不仅详细地介绍了自己的研究结果，还对该章内容整体概况做了总结，对研究方法也做了系统介绍。

　　　在此，要特别感谢北方林火管理国家林业和草原局重点实验室、森林草原火灾防控技术国家创新联盟、森林生态系统可持续经营教育部重点实验室以及东北林业大学森林防火学科师生们的鼎力相助，谨在此书出版之际，感谢所有对本书完成给予支持和帮助的人们。同时，我也要感谢国家自然科学基金（32071777，32001324，31470657）为本书的出版所提供的资助，感谢黑龙江南瓮河国家级自然保护区、塔河林业局、大兴安岭农林科学院、漠河林业局在野外调查研究数据获取过程中提供的支持。

　　　对林火与氮循环的研究是一个长期的过程，我们的工作仅是这个漫长工作的一个起点。未来我们还要持续开展火干扰对中国北方森林生态系统影响的系统研究，也寄希望于未来科研工作者与我们共同完成这些研究。由于成书时间仓促，加之笔者水平有限，难免存在不足之处，恳请各位读者批评指正。

孙　龙

2020 年 7 月 15 日

目　　录

第 1 章　概论 ·· 1

1.1　导言 ·· 1

1.2　林火与氮循环研究进展 ······································· 3

1.3　大兴安岭林火与氮循环研究目的和意义 ························ 13

1.4　大兴安岭林火与氮循环研究内容 ······························ 14

第 2 章　区域的选择 ·· 15

2.1　研究区域选择的意义 ·· 15

2.2　地质地貌 ·· 15

2.3　气候特征 ·· 16

2.4　植被状况 ·· 16

2.5　土壤条件 ·· 17

第 3 章　林火与氮循环的研究方法 ······························ 19

3.1　研究方法 ·· 19

3.2　试验方法 ·· 24

第 4 章　火干扰对凋落物分解及其碳氮磷化学计量的影响 ········ 31

4.1　数据统计分析 ·· 32

4.2　火干扰后凋落物分解动态变化 ·································· 32

4.3　火干扰对凋落物碳氮磷含量及其化学计量的影响 ·············· 34

4.4　火干扰对凋落物分解速率的影响 ······························ 38

4.5　火干扰对凋落物碳氮磷化学计量的影响 ························ 39

4.6　火干扰后凋落物化学计量与分解速率之间的关系 ·············· 40

4.7　结论性评述 ·· 41

第 5 章　火干扰对土壤微生物生物量氮固持与转化的影响 ········ 43

5.1　数据统计分析 ·· 44

5.2　火干扰对土壤微生物生物量氮固持与转化影响结果分析 ········ 44

5.3　林火与土壤微生物生物量氮固持与转化 ······················ 58

5.4　结论性评述 ·· 60

第 6 章　火干扰对森林土壤氮矿化的影响 ························ 62

6.1　数据统计分析 ·· 62

6.2　火干扰对土壤氮矿化影响结果分析 ···························· 63

　　6.3　林火与森林土壤氮矿化 ···································· 74

　　6.4　结论性评述 ··· 76

第7章　火干扰后不同恢复方式对土壤微生物氮固持和净矿化速率的影响··· 77

　　7.1　数据统计分析 ··· 77

　　7.2　火干扰后不同恢复方式对土壤微生物氮固持和净矿化速率影响
　　　　结果分析 ··· 78

　　7.3　火干扰后不同恢复方式对土壤微生物氮固持和净矿化速率的影响 ··· 86

　　7.4　结论性评述 ··· 89

第8章　火干扰后室内培养条件下森林土壤的矿化特征················ 90

　　8.1　数据统计分析 ··· 91

　　8.2　火干扰后室内培养条件下森林土壤矿化特征结果分析 ········· 91

　　8.3　火干扰后室内培养条件下对森林土壤矿化特征的影响 ········· 100

　　8.4　结论性评述 ··· 101

第9章　结论··· 103

参考文献··· 106

第1章 概 论

1.1 导 言

氮(N)是陆地森林生态系统中最重要的养分元素之一(Korhonen et al., 2013)。森林生态系统中其他土壤养分元素都可以从土壤有机质中获得,并且通过化学风化作用被有机体所利用。而氮元素完全来自大气,并且需要固氮作用才可以变成植物能利用的氮形态。固氮作用几乎全部来自土壤微生物作用,仅有很小一部分来自自然界非生物作用(Lovett et al., 2004)。在过去的几百年中,人类活动向全球陆地氮循环中输入了双倍的氮量,已经引起了全球氮超载及一系列的环境问题。"氮饱和"明显地影响了森林生态系统的正常结构和功能(Boring et al., 1988; Vitousek et al., 1997)。全球变暖改变了生态系统的碳、氮输入比和原有的气候条件,对森林生态系统土壤氮素转化,尤其是氮矿化的影响及随后的一系列反馈,将严重影响到陆地生态系统土壤氮氧化物的释放、土壤无机氮的潜在流失和环境污染问题(张金屯, 1998; 李贵才等, 2001)。

森林生态系统中植物吸收同碳、氮循环过程密切相关(Hungate et al., 2003)(图 1-1)。碳循环是植物经光合作用将大气中 CO_2 固定到各组织中,随着凋落物产生和林木死亡,经微生物分解积累进入土壤碳库,植物和土壤中的枯枝落叶、根系、微生物和土壤动物经呼吸作用又向大气中释放 CO_2 的过程(Bao et al., 2018)。森林氮循环是高度动态的,并且有着复杂的转移方式和途径(周志华等, 2004)。氮循环开始于土壤有机质中有机氮经微生物矿化作用形成可被植物直接利用的 NH_4^+-N。矿化后的 NH_4^+-N,以及外源输入的 NH_4^+-N,一部分被植物根系吸附固定和吸收,另一部分经硝化细菌硝化后转化为 NO_3^--N,在不同土壤理化性质条件下被植物吸收利用。伴随着硝化作用,还有反硝化作用,NO_3^--N 经反硝化微生物作用还原为气体回归大气(Moreau et al., 2019)。此外,凋落物养分归还过程对森林生态系统氮循环具有反馈作用。植物固定的氮,部分归还至土壤,在凋落物分解过程中氮被矿化释放,增加了土壤中可利用的氮,供植物再吸收利用(Li et al., 2016)。

凋落物分解将养分归还至土壤强烈影响了微生物对土壤有机质的矿化作用,是土壤氮循环的重要环节。凋落物分解总体上是一个凋落物体积从大到小、逐渐回归土壤的过程,既包含宏观上内部物质减少的过程,也包含微观上元素迁移的过程(Keiluweit et al., 2015)。从宏观角度看,森林凋落物的分解既包括以淋溶和碎化为主的物理过程，也包括以微生物分解为主的化学过程。森林凋落物在微生物分泌的胞外酶的作用下，将大分子转变为可被吸收和代谢的可溶性产物，同时产生多糖吸附于矿质土壤颗粒上，并通过络合反应和非酶促化学反应形成富含芳香环的化合物(Chapin et al.，2011)。从微观角度看，森林凋落物的分解伴随着生态化学元素的迁移，即认为凋落物中养分元素从凋落物向土壤生态系统(包含土壤动物和微生物)的转移。

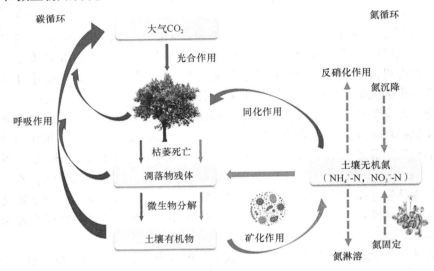

图1-1 森林生态系统碳、氮循环机制

北方针叶林生态系统在维持全球生态平衡方面具有重要意义，对全球气候变暖也最为敏感(Wu et al.，2016)。火干扰是北方针叶林生态系统最重要的干扰因子之一，但在北方针叶林生态系统中开展火干扰对土壤凋落物分解和氮循环的研究尚不多见(Brown and Smith，2000)。一些研究发现火干扰后凋落物分解速率加快(Kumar et al.，2007；Cornelissen et al.，2017；Throop et al.，2017)，并且随着火干扰年限的增长分解速率加快(Holden et al.，2013；杨新芳等，2016)。另一些研究发现火干扰后凋落物分解速率减慢(孔健健和杨健，2014)。火干扰对原生境的改变导致火干扰后凋落物分解的变化原因错综复杂(Santín et al.，2016)。北方针叶林(美国黑松)中火干扰后随时间序列的可利用无机氮呈下降趋势(DeLuca and Zouhar，2000；Turner et al.，2007)。而对斑克松林的研究结果表明，野火干扰后净氮矿化速率以及NH_4^+浓度最初下降，随后呈增加趋势(Yermakov and Rothstein，2006)。所以不同森林生态系统中火干扰后氮循环的响应格局存在较大差异。兴安落叶松(*Larix gmelinii*)是中国寒温带针叶林顶级群落，探究火干扰对兴安落叶松林凋落物分解和土壤氮循环的影响机理，对于量化分析中国北方针叶林生态系统在全球气候变化中所起到的作用具有重要意义（Wang et al.，2001；胡同欣等，2018）。为科学评价火干扰后中国北方针叶林典型林分——兴安落叶松林凋落物分解和氮循环动态变化特征，以及火干扰对北方针叶林凋落物分解和土壤氮循环的影响机制，我们选择火干扰后不同时期的火烧样地以及火干扰后人工造林地进行采样、连续监测，研究火干扰对森林凋落物分解速率变化及凋落物碳氮磷生态化学计量影响因素，研究火干扰对土壤氮素转化的过程、固持机制以及主要影响因素，以期揭示火干扰在北方针叶林生态系统凋落物养分归还和土壤氮循环中的作用，评价火干扰后植被恢复与氮固持的相互作用机制，为进一步开展火干扰后生态系统恢复提供科学依据。

1.2 林火与氮循环研究进展

1.2.1 火干扰对凋落物分解的影响

由于全球变暖和厄尔尼诺现象的影响，夏季高温少雨的情况愈发严重（Bellen et al.，2010），森林凋落物干燥易燃，林火时有发生。由于火的作用，火烧样地原生境被改变，林隙增加，土壤温度升高，土壤成分改变，光照和空气流通增强，喜阳树种和豆科植物更容易萌发生长，火烧样地内凋落物分解研究变得尤为重要（杨新芳等，2016）。森林凋落物是北方森林生态系统重要的组成部分之一，它的分解是北方森林生态系统养分循环的重要途径（Cornwell et al.，2008；Liu et al.，2019）。林火作为北方森林生态系统中的重要干扰因子，会对森林生态系统及周围环境因子产生剧烈影响（Héon et al.，2014），并且这种影响会在火干扰后持续很长时间（孔健健和杨健，2014；Hu et al.，2019），进而在导致火干扰后凋落物分解和北方森林生态系统养分归还方面产生极大的不确定性（Wardle et al.，2008；Pugh et al.，2019）。

生态化学计量学研究中普遍认为碳（C）、氮（N）、磷（P）直接影响着森林生态系统的结构和功能（Huang et al.，2018）。森林凋落物 C 是整个生态系统 C 循环中关键的一环，凋落物 C 的源和汇用于衡量一个生态系统的运转模式和发展方向（Mitchard，2018），火干扰后的凋落物 C 归还速率是衡量火干扰对森林生态系统 C 循环影响的重要内容（Clemmensen et al.，2015；López-Mondéjar et al.，2018）。N、P 元素往往在火干扰后不同时期成为植物生长和林分发育的主要限制性因素（Elliott et al.，2013）。有研究表明，土壤 N 是影响落叶松林分早期生长的主要限制因素，随着林龄的增加，P 取代 N 成为主要限制因素（Vitousek et al.，2010），这些养分元素大多来自凋落物和根系的分解（Van Der Heijden et al.，2008；Wang et al.，2019a）。目前，植物-凋落物-土壤垂直方向上 C、N、P 生态化学计量循环的相关研究已经成为当今生态研究中的热点内容（An et al.，2019）。凋落物 C/N 的变化可以解释土壤中 C/N 变化的 35%，凋落物 N/P 的变化可以解释土壤中 N/P 变化的 18%(聂兰琴等，2016)。火干扰中不同温度对于不同元素的归还影响不同，某些火干扰下生态系统 P 循环会增强，但火干扰引起的凋落物和土壤养分元素效应不同(Butler et al.，2017；Santín et al.，2018)，同时这种效应受林龄的影响(Hume et al.，2016)。有研究表明，频繁的火干扰降低了凋落物碳氮磷化学计量与微生物生物量 N/P、酶活性的耦合关系，火干扰后恢复阶段出现了向 N 限制生态系统的转变(Toberman et al.，2014)。凋落物是生态系统养分循环中不可或缺的一环，因此，系统深入地研究火干扰后凋落物分解速率变化和凋落物中 C、N、P 及其比例变化，对于探究火干扰后植物养分再利用和循环的机制具有重要意义。

　　由于凋落物分解受到以温度、湿度驱动的气候因素(王凤友，1989；Amani et al.，2019)，微生物、细菌、真菌和土壤动物等为主的分解者(Bunn et al.，2019；Ma et al.，2019)，以及凋落物组成及性质等自身特征的共同影响，同时各影响因素间存在复杂的交互作用(Gartner and Cardon，2004)，导致火干扰后凋落物分解相关研究涉及内容多且难度大。近年来，火干扰后凋落物分解速率如何变化及其原因的相关研究没有统一结论。总体而言，火干扰对凋落物分解的影响可以分为促进作用和抑制作用两部分。促进作用包括火干扰后凋落物可溶性 C 增加(Ludwig et al.，2018)，加快了微生物活动(Stirling et al.，2019)。火干扰改变了土壤微环境(如增温和减水作用)，而土壤微环境的改变会显著影响土壤动物群落组成(如干旱导致大型弹尾虫数量的减少、小型弹尾虫数量的增加)(Yin et al.，2019)，凋落物碎化和弹尾虫的相互作用进一步促进了凋落物分解和 C、N 矿化(Yang et al.，2012)。而抑制作用则包括火干扰导致土壤有效性 N、P 含量的降低(Hulugalle et al.，2017；Schafer and Mack，2018)，这种化学计量的不平衡加剧了微生物活动的营养限制(Butler et al.，2019)。火干扰后真菌生物量的减少会减慢凋落物分解(孔健健和杨健，2014)。Long 等(2016)则认为火干扰对凋落物分解的影响是由于火干扰后植被和凋落物组成改变造成的，而非火本身，火干扰后灌木盖度的增加会导致凋落物分解降低。此外，火干扰可能导致拥有较高 N 吸收与固持能力的物种侵入，通过这种方式吸引分解者群落，进而加快整个生态系统的元素循环(Rodrigo et al.，2012；Wang et al.，2015)。但植被多样性的增加对于分解者系统的影响可能不是单方面的，某些物种的减少也会加快原生境凋落物的分解。Osburn 等(2018)发现去除杜鹃花增加了土壤 DOC、N，以及微生物生物量 C 和 C 获取酶的活性，土壤微生物量和相关酶活性的增加会进一步加速新生凋落物的分解。Long 等(2016)通过苔藓和灌木去除实验发现，去除苔藓降低了凋落物分解，同时增加了 P 的归还，灌木去除实验则与此相反。这意味着同一生态系统中不同植被对整个系统的凋落物组成和分解的贡献度可能存在差异(Jones et al.，2019)，火干扰后植被群落的组成及比例的改变或许是火干扰后凋落物分解速率变化的原因之一。Hernández 等(2019)发现火干扰后的草地生态系统中,通过一年生草本的入侵产生拥有更慢分解速率的易燃性凋落物来促进火的发生,这是不是喜火植物共同或相似的生态策略?如果这一观点成立,可能意味着火依赖种在火烧样地恢复和土壤动物、微生物群落重组中起到更加重要的作用,进而影响整个生态系统的养分运转。此外,火干扰降低了林分尺度的异质性(Durán et al.,2019),这种改变可能在一定程度上导致分解者群落的重新分布,进而对森林生态系统总体分解能力产生影响。

虽然前人对于凋落物分解和凋落物养分元素做了很多研究(Morrison,2003;Hilli et al.,2010;Jackson et al.,2013;Wang et al.,2019b),但火干扰后中国北方森林生态系统凋落物分解速率变化和养分归还规律没有统一结论。

1.2.2　火干扰对土壤氮矿化的影响

林火通过燃烧有机质对氮循环产生影响。氮分子在 200℃左右挥发(Pritchett,1979),当达到 500℃时,有机质中将有近一半的氮会挥发(Neary et al.,1999)。DeBano 等(1979)对加利福尼亚灌木林研究发现,高强度火(812℃)在燃烧过程中导致土壤中 67%的氮损失。尽管在燃烧过程中会有大量的氮元素损失,但是在这个过程中仍然会有大量的氮以有机或无机的形式残留在燃烧剩余的灰分中,这些富含氮元素的灰分沉积物将会增加土壤中的无机氮含量(Christensen,1973;Bell and Dan,1989;Gundale,2005)。许多研究已经确认在火干扰后土壤中的 NH_4^+ 含量会增加。Covington 和 Sackett(1992)对美国西部的美国黄松林研究发现,在火干扰后土壤中的无机氮含量迅速增加了近 20 倍,这些无机氮几乎都以 NH_4^+ 形式存在。相似的研究结果还出现在美国黄松林(Monleon et al.,1997;DeLuca and Zouhar,2000)和西班牙海岸松林中(Prieto-Fernández et al.,1998)。与此同时,火干扰后显著增加的无机活性氮可能只有一部分来自灰分物质,其他因素也同时导致了无机氮库的增加,其中包括微生物调节了有机质的矿化作用,以及火干扰导致植物根系和微生物的死亡(Rapp,1990;Pietikäinen et al.,2000a)。目前没有研究明确量化土壤氮矿化输入量占火干扰后无机氮增加的比重(Gundale,2005)。

重度火干扰可以改变生态系统和群落特征(Hebel et al.,2009;Ojeda et al.,2010)、初级生产力(Sabo et al.,2008)、微生物群落(Smithwick et al.,2005a)以及碳氮生物地球化学循环(Kajii et al.,2002;Grady and Hart,2006;Turner et al.,2007;Vourlitis and Hentz,2016;Hu et al.,2017;Kolka et al.,2017;Pellegrini et al.,2018)。已有研究证明,火干扰释放了大量储存在地上生物量中的氮(Johnson et al.,2005),引起可利用氮的短期内增加,从而促进火干扰后植被更新(White,1986;Covington and Sackett,1992;Wan et al.,2001)。这种 N 增加的趋势一般维持在火干扰后 1~2 年之内(Raison,1979;Boerner,1982;Guerrero et al.，2005)。随着 NH_4^+ 和 pH 的增加，土壤硝化作用开始增强(Christensen，1973；Chorover et al.，1994；Bladon et al.，2008)，硝化作用一般从火干扰后数天内开始增强，在计划火干扰后一年左右达到最大值(Covington and Sackett，1992；Wan et al.，2001)。更为重要的是，野火的发生比计划火烧更大程度地影响了土壤氮矿化的格局，原因主要来自野火的高强度火的破坏作用(Kovacic et al.，1986；Shakesby and Doerr，2006)。

北方针叶林中的很多物种已经适应了低强度地表火带来的干扰(Weber and Stocks，1998)。我国北方针叶林中的氮循环一直受到频繁的野火干扰的影响。火干扰后短时间内，由于土壤碳损失的限制，导致氮的总矿化速率降低(Koyama et al.，2011)，但是随着火干扰后植被恢复，凋落物输入增加，氮总矿化速率会逐渐增加(Klopatek et al.，1990；Choromanska and DeLuca，2002)。火干扰后总的硝化速率因为土壤加温作用以及 pH 的提高会有一定程度增加(Raison，1979；Hobbs and Schimel，1984)。植物吸收作用、硝化作用，以及 NO_3^- 的淋溶作用和反硝化作用能够抑制活性氮的增加作用并使之恢复到火干扰前的水平。一旦活性氮的这一增加作用消失，那么分解作用就会限制活性氮的增加。因此，能通过火干扰降低和减少有机氮库的质量及大小来影响土壤长期矿化的潜力(Monleon et al.，1997)。

Monleon 等(1997)研究发现火干扰后样地内土壤全氮矿化速率会在火干扰后 5 年内显著降低。总矿化速率的降低在火干扰后当年不明显，这是因为火干扰后可降解物质的分解掩盖了矿化速率的增加。Covington 和 Sackett(1986)研究发现，4 年内，火烧样地与对照样地相比不再具有较高的无机氮含量。Wright 和 Hart(1997)在厌氧培养条件下每 2 年对土壤进行一次计划火烧，试验持续 20 年并记录矿化速率。研究发现，与对照样地相比，土壤矿化速率降低了 25%，这意味着长期的反复火烧会减少土壤活性氮。DeLuca 和 Zouhar(2000)研究发现在设置的实验样地中，计划火烧样地与火干扰后 2 年、3 年、11 年、12 年样地相比具有较低的微生物氮含量。这一研究表明，火作为一种烈性影响因素，虽然能够在短时间内增加活性氮含量，但是在火干扰后几年或几十年的时间尺度上来看，矿化氮的量还是会降低。

森林火灾使氮的有效性和流通量增加，这种影响可能持续数十年，很多学者推测是由于火干扰对森林生态系统的间接影响导致这种结果(Kaye and Hart，1998；Hart et al.，2005)。DeLuca 和 Sala(2006)研究得出美国落基山脉在一百年内经历一到两场森林火灾的地区比不发生火灾的地区具有更高的土壤硝化活动、总的硝化量和净硝化量，这些研究都充分证明长期不过火的地区氮循环速率会极大降低。以往研究表明，杰克松和花旗松生态系统过火之后，短期内氮元素有效性迅速升高，但长期缺乏火干扰后这种作用开始慢慢地降低(DeLuca et al.，2006)。这种氮循环的改变与物种组成的变化息息相关(Arno，1980；Arno et al.，1995；Fulé et al.，1997；Hart et al.，2005)。

　　总体上，国外开展的相关研究较为全面，包括氮循环的各个过程、空间异质性、火干扰后短期氮的挥发和淋溶、计划火烧对氮循环的影响，以及与碳循环结合开展的长短期研究等，但是涉及北方针叶林生态系统的研究还比较少，涉及氮循环过程与植被恢复关系的研究也比较少。

　　国内关于氮循环的研究近些年比较多，大部分关注于森林土壤的氮矿化过程及机制(周才平和欧阳华，2001)。研究范围包括了一些主要森林类型和人工扰动条件下的森林生态系统氮矿化及微生物量研究(沙丽清等，2000；文汲等，2015；刘碧荣等，2015；陈洪连等，2015)。然而，从总体来看，我国森林土壤氮素研究的内容较为狭窄，研究尺度小，一般仅限于单个生态系统或人工林的矿化、硝化及微生物量的研究，至于氮素的周转、微生物作用特点等内容的研究较少，仅有少数针对火干扰对森林土壤氮循环的短期影响的研究。火干扰对森林生态系统氮循环的影响缺乏系统的长期研究，此领域的研究在我国基本为空白(杨玉盛等，1992；郭剑芬，2006；宋利臣等，2015)。

1.2.3　火干扰对土壤微生物的影响

　　土壤微生物是森林生态系统的重要组成部分，在维持森林生态系统物质循环和能量流动过程中起到重要作用(Liu et al.，2012；Foote et al.，2015)。森林土壤微生物能够影响生态系统中土壤向大气传输碳的过程，从而影响陆地生态系统和全球生态系统之间的碳平衡关系(Bastida et al.，2007；Yang et al.，2010)。森林火灾是影响全球气候变化的重要自然因素之一，它能够通过影响土壤微生物群落结构来影响陆地生态系统的土壤碳库的变化。森林火灾可以直接通过燃烧或间接通过改变土壤性质来影响土壤微生物的活动(Dumontet et al.，1996；Mabuhay et al.，2006)。以往研究表明，森林火灾可以导致土壤微生物生物多样性下降33.2%，真菌生物多样性下降47.6%(Dooley and Treseder，2012)。森林火灾可以导致土壤微生物量在火干扰后短期内显著降低，而在更长的时间尺度研究来看，森林火灾可以通过改变火干扰后植物群落结构组成来改变土壤微生物群落结构(Hart et al.，2005；Knicker，2007；Andersen et al.，2013；Ascoli and Bovio，2013)。通常情况下，细菌比真菌更耐高温燃烧，因此火烧更有利于促进细菌生长(Bollen，1969；Sharma，1981；Deka and Mishra，1983)。此外，火干扰后产生的灰分物质可以为土壤微生物提供可吸收的养分元素。目前研究发现，火干扰后土壤养分元素的增加有利于固氮细菌数量的增加(Jaatinen et al.，2004；Jennings et al.，2012)。

　　随着全球气温的不断升高，森林火灾的频度和强度都不断增加，因此森林火灾对森林生态系统的影响已经引起了研究者的广泛关注，特别是火干扰对土壤微生物的研究已经成为全球研究的热点。Knelman 等(2015)选择在美国科罗拉多州对火干扰一年后黄金堇菜的影响开展研究，这种植物数量的变化对土壤化学性质、土壤微生物量、土壤酶活性和细菌群落结构均具有重要的影响。研究表明，土壤生物和非生物因素在重度火烧和轻度火烧条件下存在显著差异。在重度火干扰区域，黄金堇菜的火干扰后恢复对土壤真菌群落和土壤化学性质具有重要的影响(Knelman et al.，2015)。这种影响直接导致重度火烧区域在火干扰后 1 年土壤有机氮有机碳和土壤微生物量增加，同时也引起了土壤真菌生物多样性的增加。

　　火烧会导致土壤微生物繁殖能力的改变和土壤微生物细胞的溶解(Klopatek et al.，1991)。火干扰对土壤微生物的影响十分复杂，土壤生物因子对温度的响应比土壤物理化学性质更加敏感，因为大多数土壤微生物仅能在 100℃的温度下生存(DeBano et al.，1998)。火干扰对土壤上层(有机质层)影响最强，在土壤上层有大量土壤生物存在，火烧能通过燃烧过程的高温直接改变土壤微生物量的大小、活性和成分(Neary et al.，1999)。研究发现，地上有机质燃烧释放的热量约有10%～15%被矿质土壤吸收，高强度和持续时间较长的森林火灾能够导致地下土壤大量热量的传输(Raison et al.，1986a)。与火干扰后短期内土壤增温直接对土壤微生物产生影响不同，火干扰后长期的影响会通过改变火干扰后植物的组成来影响土壤微生物的群落。火烧间接的影响主要是通过增加土壤表面的太阳辐射，改变森林地表矿质土壤的化学性质、火烧过程中产生的灰分物质和黑碳来对土壤微生物产生影响(Jensen et al.，2001；Park et al.，2012；Rachid，2014)。火干扰后土壤湿度的变化也会对土壤微生物活动产生重要的影响(Doran，1998)。

　　森林火灾会导致土壤全碳含量降低，但却可以使土壤有机碳含量组分在火干扰后短期内增加。通常情况下，火干扰后释放的土壤有机碳可以作为微生物能够利用的代谢化合物用于土壤微生物的繁衍，因此火干扰后短期内，土壤微生物量增加，其中土壤异养细菌数量增加最为明显。许多研究表明火干扰后微生物量会在短时间内恢复(Badía and Martí，2003)。在火干扰后短期恢复过程中，当火烧温度超过 400℃时，火干扰后土壤微生物量要大于火烧温度在 200℃和 300℃条件下火干扰后土壤微生物量，这是因为火烧温度达到 400℃时可以为火干扰后土壤微生物提供更多土壤有机碳的底物供应，能够更加促进土壤微生物的繁殖(Guerrero et al.，2005)。Choromanska 和 DeLuca(2002)研究发现森林火灾后初期，土壤碳和氮的有效性能够显著影响土壤微生物量的恢复。其他学者研究发现，在室内模拟条件下，火烧温度为 160℃时土壤腐殖质层微生物量要显著高于 100℃燃烧条件下土壤腐殖质层微生物量(Pietikäinen et al.，2000b)。Badía 和 Martí(2003)对石灰土进行室内培养研究发现，火烧温度在 250℃的条件下，火干扰后土壤微生物量要显著高于对照样地。森林火灾能够减少森林土壤有机质数量，并且会对火干扰后土壤有机质的质量产生重要影响，这些影响具体表现在增加土壤表面黑碳含量、加速土壤矿化速率等方面(González-Pérez et al.，2004)。

Diaz-Raviña 等(1992)研究发现土壤在 160℃和 350℃燃烧 30min 的条件下，从火干扰后第 2 周开始土壤微生物量增加，土壤微生物菌丝体的恢复可能是导致土壤微生物量增加的主要原因。但是当土壤在 600℃条件下燃烧时，由于在燃烧过程中土壤总碳和有机碳均减小，导致火干扰后土壤微生物量并没有增加(Guerrero et al.，2005)。鉴于土壤真菌生物量占土壤微生物量的比例较大(30%～80%)(Anderson and Domsch，1975)，重度火烧条件下土壤微生物量恢复缓慢可能是重度火干扰后土壤真菌大量死亡、恢复缓慢导致的。目前研究发现，在重度火烧条件下，火干扰后短期内土壤微生物量通常要低于火干扰前的水平(Palese et al.，2004；Mabuhay et al.，2006)。

目前国内关于火干扰对土壤微生物影响的研究，多集中在不同火烧强度对土壤微生物的影响(郑琼等，2012；陶玉柱和邸雪颖，2013)、火烧对不同森林类型土壤微生物的影响(张敏，2002；程飞，2015)，以及不同火行为对土壤微生物的影响方面(胡雯等，2012；王谢等，2014)。这些研究发现，低强度火烧有利于土壤微生物丰富度(Shannon 指数)、物种优势度(Simpson 指数)、群落均匀度(McIntosh 指数)的提高，而中、高强度火烧则导致这些指标降低，重度火烧利于土壤微生物生物量碳和氮的提高。林英华等(2016)对大兴安岭沼泽类型土壤微生物量研究发现，火烧强度对土壤微生物量没有显著影响，但是森林火灾降低了革兰氏阴性菌与真菌的生物量的比例，从而改变了沼泽土壤微生物结构。胡海清等(2015)对中国小兴安岭落叶松林和白桦林土壤微生物量开展的研究表明，火烧导致土壤微生物生物量碳和氮在火干扰后短期内降低。陶玉柱(2014)对大兴安岭塔河地区兴安落叶松和樟子松林土壤微生物开展的研究表明，低强度火干扰后即时土壤微生物生物量碳、土壤细菌、放线菌和真菌含量均低于火干扰前水平，不同火烧强度对土壤微生物量具有重要的影响。秦可珍(2015)对大兴安岭北部兴安落叶松林土壤微生物展开研究表明，从火干扰后第 2 年开始，轻度样地土壤微生物生物量氮开始高于火干扰前水平，直到火干扰后 18 年依然高于火干扰前水平。而重度火烧条件下土壤微生物生物量碳一直低于火干扰前水平，土壤微生物生物量氮含量在火干扰后 18 年基本恢复到火干扰前的水平。

总的来看，我国对于土壤微生物的研究多集中在火干扰后短期内土壤微生物量变化以及群落结构变化的研究，目前还缺乏对于火干扰后土壤微生物量变化的长期监测研究。土壤微生物量是调控土壤氮素供应状况、森林生态系统无机氮供应和矿化速率变化的重要指标，同时也是调控森林生态系统土壤"矿化-固持"的关键因素之一(黄思光等，2005)。因此，量化火干扰后土壤微生物量和土壤无机氮供应与氮的矿化速率之间关系对于探究火干扰后森林生态系统具有重要的生态学意义，目前我国对该领域还缺乏系统深入的研究。

1.2.4　土壤氮矿化研究方法

1. 室内培养法

1）通气培养法

通气培养法最早由 Keeney 和 Bremner（1966）提出，这种方法是在室内有氧条件下评估氮素有效性最常用的方法之一。在室内培养过程中，将过筛土壤样品保持在接近田间持水量条件下，在 20～25℃的条件下培养 10～30 天。通气培养法可以通过多种方法维持培养期内的土壤含水率不变，其中最主要的方法包括：通过补水法定期添加水分来弥补培养过程中的水分蒸发；采用塑料薄膜法，即用塑料薄膜覆盖培养容器口，这种方法有利于培养土壤 O_2 和 CO_2 的交换，同时能够限制土壤水分的散失。室内培养条件下，培养前和培养后土壤铵态氮及硝态氮的测量采用盐溶液提取法。Stanford 和 Smith（1972）对这种方法进行了改良，并提出了好气培养间歇淋洗法，该法被广大研究者应用于室内氮矿化培养研究，被认为是最为可靠的研究方法之一（朱兆良，1979；Johnson et al.，1980；Sparling and Ross，1988；刘宝东，2006）。具体的操作方法相对比较简单，有利于量化土壤硝化细菌活动，无论是土壤中的铵态氮还是有机氮矿化产生的铵态氮，都能够很快通过硝化作用形成硝态氮，能够准确估计土壤硝化作用在土壤矿化过程中所起到的作用（巨晓棠和李生秀，1997）。

2）淹水培养法

Waring 和 Bremner（1964）最早提出利用淹水培养法开展室内氮矿化研究。这种方法是在水淹的条件下将土壤样品置于 30～40℃的恒温条件下培养 7～14 天（Keeney and Nelson，1982）。与通气培养法相比，淹水培养法具有两个方面的优点：一方面是操作更加简单，淹水培养法只需要测量土壤铵态氮，因为在水淹条件下限制了土壤硝化作用，不需要考虑硝化作用所需的温度条件，简化了操作过程；另一方面，不需要严格控制土壤含水率，淹水培养法条件下含水率保持恒定，不需要考虑土壤适宜的含水率和水分流失问题。同时，由于不需要考虑适宜的土壤培养温度，较高的土壤培养温度能够加速土壤的氮矿化作用，因此这种方法已广泛应用于水田土壤研究领域（蔡贵信等，1979；Smith et al.，1981；Narteh and Sahrawat，1997）。这种方法在研究过程中往往结合有效积温去拟合土壤氮矿化曲线来描述土壤氮矿化速率与土壤温度的关系，取得了不错的研究结果（Yoshino and Dei，1974；朱兆良，1979）。近些年来，在研究者的不断完善下，这种方法具有精度高并且易于重复的特点，越来越多的研究者将这种方法应用于旱地土壤的研究中，并获得了令人满意的研究结果。但是，也有研究认为淹水培养法抑制了土壤硝化作用，难以真实再现野外旱地土壤氮矿化的真实条件

（Miyajima et al.，1997）。

2. 室外培养法

1）原位培养法

原位培养法多用于野外条件下土壤氮矿化研究，其中埋袋法广泛应用于野外土壤氮矿化研究中。这种方法将土壤样品放入聚乙烯袋中密封后埋入土壤中，并覆盖约 2 cm 的表土和森林凋落物进行一段时间培养。培养结束后带回实验室进行分析，利用培养前后土壤铵态氮和硝态氮的差值来计算土壤氮净矿化速率（Stanford and Smith，1972）。这种方法的优点是有效氮不易挥发，同时硝态氮在生态系统中不易流失。这种方法的缺点是，由于聚乙烯袋难以保证透水、透气，因此很难还原野外的真实环境条件。

目前，封盖埋管法和离子交换树脂法广泛应用于野外氮矿化研究领域（Kiehl et al.，2001；Liu et al.，2010）。封盖埋管法是将内径 5cm、长约 20cm 的镀锌管或 PVC 管打入土壤中，埋管上端用透气的塑料薄膜封口，下端用纱布封口。经过一段时间培养后，取回实验室内对土壤铵态氮和硝态氮含量进行测量，利用培养前后土壤铵态氮和硝态氮的差值计算土壤氮净矿化速率。封盖埋管法能够避免埋袋法的诸多弊端，因为埋管法所使用的管结构统一，并且管内土壤温度与外部温度一致，能够较好地还原真实的土壤环境条件，同时由于上部和下部均有封口，能够避免降雨淋溶作用和外部物品进入管内对土壤氮矿化产生影响。这种方法的弊端是，管内培养产生的土壤铵态氮和硝态氮容易积累，会影响土壤的进一步矿化作用，管内外土壤湿度的不同可能会对土壤氮矿化产生影响。总的来看，这种方法由于成本低、易操作、贴近野外实际测量结果，已广泛应用于森林和草原生态系统土壤矿化的研究中，是目前应用最为广泛的研究方法（孟盈等，2001；周才平等，2003；李志杰等，2017）。

离子交换树脂法是将一定体积的树脂放入离子树脂袋中或放在封盖埋管的上端，然后将装有树脂的袋子或管埋入或打入土壤中，经过一段时间的培养，将树脂袋带回实验室，测量树脂中的铵态氮和硝态氮含量。这种方法结合了埋袋法和封盖埋管法的优点。这种方法通过测量离子交换树脂，能够避免土壤铵态氮和硝态氮积累对氮矿化速率的影响（方运霆等，2005）。与封盖埋管法相比，这种方法的缺点是相对复杂并且成本较高，同时难以模拟地下水势变化对土壤氮矿化的影响。

2）稳定同位素法

稳定同位素法主要是利用 ^{15}N 可以被质谱发射光谱准确识别来实现的，即通过追踪 ^{15}N 的去向来研究土壤矿化速率。这种方法能够准确地计算土壤总矿化速率和土壤净矿化速率。在实验过程中利用标记 ^{15}N 同位素去追踪土壤氮库，当没有被 ^{15}N 标记的土壤氮库转移到被 ^{15}N 标记的土壤氮库形式时，^{15}N 的丰度就会大量减少，而当被 ^{15}N 标记的土壤氮库转化为其他形式时，土壤 ^{15}N 的丰度增加 (Murphy et al.，2003)。标记与未标记的氮库随培养时间的不同而发生变化，因此可以根据示踪动力学计算出被标记的氮库输入与输出速率。早期这种方法仅应用于土壤有机氮和无机氮转化速率的研究，这主要是因为没有考虑铵态氮的挥发和反硝化过程，以及假设在研究过程中被标记的氮不会发生再矿化(Kirkham and Bartholomew，1954)。不过最近相关研究改进并完善了同位素示踪法，Blackburn(1979)认为在考虑自然丰度后，可以加入更少量的 ^{15}N 试剂。Myrold 和 Tiedje(1986)的研究指出，当同时估计多个氮循环指标时，应该采用定量分析方法对多个指标进行精确估计。在这些研究基础上，同位素示踪法技术获得了快速的发展，并广泛应用于土壤氮素转化研究中(Murphy et al.，2003)，其中对 $^{15}NH_3^+$-N 和 $^{15}NO_3^-$-N 进行双同位素标注法被认为能够更好地反映土壤氮总转化速率过程。Mary 等(1998)构建的 FLUAZ 理论模型也被广泛应用并进一步完善了 ^{15}N 同位素示踪法。^{15}N 同位素示踪法也被应用于其他生态系统中，如 ^{15}N 同位素示踪法稀释技术已经应用于研究湿地土壤氮生物地球化学过程的研究中。总的来说，^{15}N 同位素示踪法具有灵敏度高、方法简便、定位定量准确的特点，极大地提高了氮循环研究的精度与准确度(Murphy et al.，2003；Robson et al.，2010)。

1.2.5 土壤微生物研究方法

传统微生物研究方法利用选择培养基，对于分离和获得特殊功能的微生物非常有用(卢妮妮等，2017)。这种方法通常根据目标微生物选择对应的培养基，同时利用稀释平板法进行培养。土壤微生物量则通过细菌数量来进行计算。然而，由于微生物细菌很难培养，传统方法仅能够提供有限的参考作用。如果要全面客观地获得微生物量信息，还需要依靠现代生物技术进行研究。除此之外，以氯仿熏蒸提取法为代表的生物化学技术也广泛应用于微生物量的测算(Brookes et al.，1985)。

BIOLOG 微平板技术由美国的 BIOLOG 公司于 1989 年开发成功，这种方法最初应用于纯种微生物的鉴定，至今已经能够鉴定包括细菌、酵母菌和霉菌在内的 2000 多种病原微生物及环境微生物(Choi and Dobbs，1999)。这种方法能够在群落水平反映土壤微生物的生理学特征。BIOLOG 微平板含有不同种类的碳源，当土壤微生物利用不同种类碳源时，BIOLOG 微平板的颜色会发生变化，根据不同微生物对同一碳源的差异来对土壤微生物群落结构进行评估(Stefanowicz，2006)。近些年来，不同种类的 BIOLOG 微平板已经被研发出来，如 Eco 板、MT 板和真菌板等。与其他研究方法相比，BIOLOG 微平板技术具有更高的灵敏度和更强大的识别能力，其中大部分的微生物群落代谢特征都能够保留下来。同时，还可以利用计算机完成对微生物群落特征的连续监测(Echavarri-Bravo et al.，2015)。然而，这种方法的监测需要依赖微生物群落的生理活性，休眠的微生物和不能够监测微生物使用碳源的微生物群落是难以被监测的。同时，如果我们不能够解释不同类型微生物是如何通过相互作用来影响培养基质的，那么不同类型微生物所引起的变化是难以解释的。因此，当使用这种方法时要注意区分不同类型微生物之间的相互作用关系(Mondinia and Insam，2003)。

除了以上方法外，分子生物技术在核苷酸分析上的应用，为在分子水平上揭示生物多样性提供了新的途径。Fischer 和 Lerman(1983)在 1979 年首次提出了变性梯度凝胶电泳(denaturing gradient gel electrophoresis，DGGE)法，这种方法能够有效研究微生物结构多样性及微生物动态变化。这种方法在 1993 年首次被 Muzyer 等(1993)应用于微生物生态学的研究当中。总的来说，分子生物技术的应用为研究微生物群落结构遗传多样性和群落结构差异提供了一种更为有效的方法。

1.3　大兴安岭林火与氮循环研究目的和意义

氮元素是影响植物生长的重要元素之一，它能够限制高纬度北方针叶林的初级生产力，并且能够改变北方针叶林生态系统的物种组成以及群落分布。植物生长对氮元素的需求要高于其他元素，因为氮元素是构成如木质素和蛋白质等生物结构物质的重要元素之一。而这些生物结构物质又含有大量的碳元素，因此北方针叶林生态系统中碳元素和氮元素之间存在很强的耦合作用。与温带森林中氮元素都储存在活的生物质中不同，高纬度北方针叶林生态系统中氮元素大量储存在不易被分解的土壤有机质中。因此，更好地了解高纬度森林生态系统中土壤可利用氮元素是进一步深入了解在全球气候变化背景下碳储量变化和追踪含氮气体去向的关键。

森林火灾对高纬度北方针叶林生态系统的结构和功能具有重要影响，目前研究发现森林火灾的持续时间、火强度和火干扰后森林内部小气候条件的变化都能够显著影响火干扰后氮循环过程，并且这种影响会在火干扰后持续几年甚至更久的时间。火烧能够通过挥发、热解、灰分沉积、细根和微生物分解来改变土壤氮库及净矿化速率。同时，森林火灾能直接通过改变土壤生物和非生物环境来改变土壤氮库。火干扰后氮元素的有效性是限制高纬度北方针叶林生态系统的恢复以及森林演替过程的重要因素之一。我国高纬度北方针叶林生态系统是我国森林火灾的高发区域，同时也是我国冻土的主要分布区域，是受全球气候变化影响最为敏感的区域之一。正是由于该区域特殊的林火发生规律以及独特植被林型，因此，研究该区域火干扰后森林生态系统的氮元素循环对衡量我国北方针叶林生态系统在全球气候变化过程中的作用具有重要的意义。

本研究结果将揭示我国北方针叶林生态系统火干扰后氮素矿化速率的变化规律及其影响因素，阐明火干扰对土壤微生物氮固持与转化的影响，评价火干扰在我国北方针叶林生态系统氮循环中所起的作用，量化不同恢复方式对火干扰后土壤氮素有效性的影响。本研究结果将为火干扰后提高北方针叶林生态系统生产力和生物多样性、加强森林生态系统管理提供理论依据，为火干扰后开展森林生态系统恢复提供科学依据，为量化火干扰对区域氮循环的影响提供数据基础。

1.4 大兴安岭林火与氮循环研究内容

通过在火干扰后不同年限兴安落叶松林火烧样地设置固定监测样地，研究重度火干扰对兴安落叶松林凋落物分解速率，以及土壤氮的损失、转化与固持等各个过程的影响，揭示火干扰后生态系统恢复过程中植被在土壤氮转化利用与固持中的作用，探索火干扰后氮素循环在北方针叶林凋落物-土壤中各个过程的转化控制机制。

(1)火干扰对兴安落叶松针叶凋落物分解速率及其碳氮磷化学计量长期影响。通过网袋法在火干扰迹地及其对照样地监测火干扰后不同时间凋落物分解动态变化，探究火干扰对兴安落叶松针叶凋落物分解速率及其碳氮磷化学计量的长期影响。

(2)火干扰后不同年限土壤无机氮库动态及影响因素。调查火干扰后兴安落叶松林不同自然恢复时期的植物群落特征，量化火干扰后不同阶段土壤无机氮库及土壤养分特征，研究火干扰后土壤无机氮库动态及其与植物群落恢复的关系，以及火干扰后植被恢复对土壤养分库的贡献，阐明植被恢复对土壤氮库动态变化的影响。

(3)火干扰对兴安落叶松林土壤微生物生物量氮固持与转化的影响。通过在设置样地内采集土壤样品，量化火干扰后兴安落叶松林土壤微生物生物量碳氮的时空格局(季节变化及不同土壤层次变化格局)，研究火干扰后植被恢复、火干扰后环境因子的变化对土壤微生物生物量碳氮的影响；同时结合土壤无机氮库的研究结果，研究土壤微生物生物量氮的有效性及其对火干扰的响应机制。

(4)兴安落叶松林土壤有机氮铵化、硝化和矿化时空特征及其对火干扰的响应。采用原位培养连续取样法，研究土壤氮净铵化速率、净硝化速率和净氮矿化速率的季节及年变化特征，阐明火干扰对土壤净硝化速率和净氮矿化速率的影响及其与土壤养分、土壤微生物生物量碳氮的关系，揭示火干扰对土壤净硝化速率和净氮矿化速率的影响。

(5)比较火干扰后自然与人工恢复模式下土壤氮库的动态及固持机制。比较火干扰后自然恢复模式以及人工恢复措施的植物群落特征，量化不同恢复模式下土壤氮库动态格局，研究火干扰后不同恢复模式对土壤氮固持能力的影响，揭示不同恢复模式下土壤氮固持动态变化与植被变化之间的相互作用机制。

第 2 章 区域的选择

2.1 研究区域选择的意义

大兴安岭地区是我国气候类型独特、森林资源丰富、生态系统脆弱、森林火灾易发多发的区域，同时也是我国仅有的高纬度北方针叶林生态系统区域。在全球气温升高以及厄尔尼诺现象影响加剧的背景下，对于该区域森林生态系统的研究具有更加重要的意义。中国大兴安岭地区是我国森林火灾的高发频发区域，森林火灾轮回期约为 30～120 年。据统计，在 1965～2010 年间，大兴安岭地区发生森林火灾共计 1614 起，过火林地面积约为 352 万 hm^2，年均过火面积约为 $7660hm^2$，约占全国年均过火面积的 59%。其中，1987 年在大兴安岭地区发生了震惊世界的"5·6"火灾。整个火灾过火面积约 133 万 hm^2，共 1 个县城、4 个林业局镇、5个贮木场被烧毁，烧毁林木蓄积量达 9500 万 m^3。这场大火造成的直接损失达 4.5亿元人民币，间接损失达 80 多亿元人民币，造成大量人员伤亡，有户籍死亡人数达 210 人，烧伤者达 266 人，约有 5 万余人流离失所。这场大火对该区域生态系统造成了严重的破坏，并造成严重的社会和经济影响。近年来，受全球气候变暖和厄尔尼诺现象影响，大兴安岭地区春、秋两季气候高温、干燥，干雷暴活动频繁，本区域成为雷击森林火灾的易发区和高发区，使得火灾对大兴安岭森林生态系统的影响以及火干扰后森林生态系统恢复状况研究再次成为国内外关注的焦点。

中国大兴安岭地区是我国纬度最高、面积最大的林区（50°10′～53°33′N，121°12′～127°00′E）。大兴安岭地区北为黑龙江上游水域，与俄罗斯隔江相望；东南与黑龙江省黑河市嫩江县接壤；西南与内蒙古自治区呼伦贝尔市鄂伦春族自治旗毗邻；西北与内蒙古自治区呼伦贝尔市额尔古纳左旗为界。区内国境线为黑龙江主航道中心线，边境线长 786 km，总面积达 835 万 hm^2，其中有林地面积 683.7万 hm^2，森林覆盖率约 82%，活立木蓄积约 5.7 亿 m^3，是国家生态环境安全重要保障区、生态功能区和木材资源战略储备基地，也是东北乃至华北平原的重要生态屏障，在我国社会主义生态文明建设过程中具有重要的生态意义。

2.2 地 质 地 貌

大兴安岭地区地形呈东北—西南走向，属于浅山丘陵地带。北部、西部和中部地区海拔较高，全区平均海拔 573 m，最高海拔 1528 m，最高峰是伊勒呼里山主峰——呼中大白山，海拔为 1528.7 m，最低海拔 180 m，是呼玛县三卡乡沿江村。大兴安岭地貌类型可以分为山地地貌和苔原地貌。山地地貌分布普遍，内部呈有规律变化，由松嫩平原向山地发展，由东向西可划分为浅丘、丘陵、低山和中山。西侧多为波状丘陵，总体山势平缓，小于 15°的缓坡占 80%以上，由于冰冻冰溶促使岩石风化，导致该区域阳坡比较陡峭、阴坡比较平缓。构成大兴安岭中部地区的主要岩石是花岗岩，同时由于土壤永冻土层的普遍分布，导致该区域河谷宽阔。

2.3　气候特征

大兴安岭地区气候独特，属寒温带大陆性季风气候。冬季(平均气温<10℃)长达 9 个月，夏季(平均气温>22℃)不超过 1 个月，部分地区几乎无夏天。生长季(日温持续≥10℃)从 5 月上旬开始，至 8 月末结束，长 70～100 天。年均气温为–6～8℃，全年日照约 2600 h，年有效积温 1100～2000℃。全年温差较大，1月平均温度为–30～–20℃，极端最低气温为–52.3℃；7 月平均气温为 17～20℃，极端最高气温为 39℃。

冬季，大兴安岭地区在寒冷干燥的蒙古高压的控制下降水很少，每年 11 月到翌年 4 月降水量不足全年的 10%；而在一年中的暖季，受东南季风的影响，由南方来的海洋湿润气流在北方气流的冲击下可形成大量降雨，造成暖季降水量可达全年的 85%～90%。全年降水量为 350～500 mm，相对湿度 70%～75%。积雪季节长达 5 个月，林内雪深度达 30～50 cm。由于地域广阔，林区内各地的水热条件存在一定的差异。大兴安岭主脉东侧受东南湿气流影响，降水量较大，而西侧则因直接受蒙古-西伯利亚气流的影响，比东侧干冷。同时，随着全球气温升高的影响，该区域面临着最明显气候变化的影响，目前气候变化对该区域土壤、水文、生物、火灾的影响已经获得广泛关注。

2.4　植被状况

大兴安岭地区的森林是我国具有代表性的寒温带森林，它属于西伯利亚北方明亮针叶林的一部分，也是中国唯一的寒温带明亮针叶林区和国内仅存的寒温带生物基因库，森林资源丰富，是我国木材资源战略储备基地。全区森林覆盖率79.83%，有林地面积 683.7 万 hm²，活立木总蓄积 5.7 亿 m³。大兴安岭森林以兴安落叶松(*Larix gmelinii*)林为主，约占该地区森林面积的 80%以上。其他针叶乔木树种包括樟子松(*Pinus sylvestris* var. *mongolica*)、红皮云杉(*Picea koraiensis*)、偃松(*Pinus pumila*)等。主要阔叶乔木包括白桦(*Betula platyphylla*)、蒙古栎(*Quercus mongolica*)、黑桦(*Betula dahurica*)、山杨(*Populus davidiana*)等。灌木草本植物主要包括杜鹃(*Rhododendron simsii*)、越橘(*Vaccinium vitis-idaea*)、四叶重楼(*Paris quadrifolia*)、鹿蹄草(*Pyrola calliantha*)、笃斯越橘(*Vaccinium uliginosum*)、胡枝子(*Lespedeza bicolor*)、山刺玫(*Rosa davurica*)、小叶章(*Deyeuxia angustifolia*)、舞鹤草(*Maianthemum bifolium*)、珍珠梅(*Sorbaria sorbifolia*)等。

大兴安岭寒温带针叶林是在气候寒冷并具有永冻土层的环境条件下形成的，它的主要特点是植物种类多样性低，乔木组成结构非常简单，在大兴安岭寒温带针叶林中具有极高的优势度，仅有少量白桦混交，几乎无其他混交树种。同时，其垂直结构层次少，乔木层仅一层，为兴安落叶松所占据，在火烧样地中可以与白桦组成落叶松林中的第二层，多数情况下仅有一个低矮的灌木层，比较发达。乔木层的优势树种兴安落叶松的生态位非常宽，几乎分布于整个大兴安岭，而灌木层的构成种类生态位比较窄，因此随着立地条件不同，组成灌木层或草本层的优势种会相应地发生变化。在大兴安岭地区，植被受森林火灾影响较大，其森林景观结构往往受到火干扰后树种和年龄影响而形成不同的斑块。目前有研究发现，在大兴安岭地区火干扰后植被恢复方式不存在显著的树种更替现象。兴安落叶松是唯一的乔木树种，白桦在部分地区可与兴安落叶松共存，在火干扰后以种子或无性方式进行繁殖。

2.5　土　壤　条　件

大兴安岭地区的土壤主要有棕色针叶林土、暗棕壤、灰色森林土、草甸土、沼泽土等。

其中，棕色针叶林土又称棕色泰加林土，它是大兴安岭地区最具有代表性的土壤类型，它的形成除了与气候、母质、植被条件有关外，还受土壤永冻土层的影响。大兴安岭地区永冻土层分布广泛，内蒙古自治区呼伦贝尔市根河地区以北是连续的永冻土层，从根河市以南到大兴安岭南部是岛状永冻土层。永冻土层是棕色针叶林土形成的重要条件，它能够阻碍土壤中的物质移动，阻止表层融化的水向下渗透，形成滞水层，从而造成潜育化现象。棕色针叶林土的土壤剖面发生层次由覆盖层(A_0)、淋溶层(A)、沉积层(B)和母质层(C)构成。表层有较厚的枯枝落叶层，达 5～8 cm。表层的黑土层很薄，一般在 10 cm 左右，腐殖质含量为10%～30%。在腐殖质层下面没有灰化层(A_2)。B 层的土壤较薄，约 20～40 cm，呈棕色，结构紧密，含有大量的石砾。土壤 pH 为 4.5～6.5，盐基饱和度较高，代换性盐基总量达 10～40 毫克当量/100g 土。棕色针叶林土根据不同的落叶松林类型还可以分为典型棕色针叶林土、灰化棕色针叶林土、生草棕色针叶林土和表浅棕色针叶林土等土壤亚类。

灰化棕色针叶林土分布于北部海拔 500～1000 m 不同坡向的中上部。主要林型为杜鹃-兴安落叶松林。该土壤类型主要特征为：地表死地被物较厚，土壤表层出现灰白色土层，灰化作用明显，呈片状结构，B 层和 C 层石砾成分较高。

生草棕色针叶林土主要分布于大兴安岭中南部，海拔较低，一般在 500～700 m。主要林型是草类兴安落叶松林和草类白桦林。林地内排水状况较好，形成土壤母质以坡积物为主，土壤有良好的理化性质，结构疏松。死地被物和腐殖质层深厚，有明显的腐殖质沉积现象。同时该土壤类型肥力较高，根系分布深。

表浅棕色针叶林土分布在平缓的山麓或比较平坦的分水岭顶部，常分布森林类型为杜香-兴安落叶松林。土壤水分较多，表层有明显的潜育化现象，呈灰蓝色，具有较厚的泥炭层，土壤肥力较低。

第3章 林火与氮循环的研究方法

3.1 研究方法

土壤氮循环是全球氮循环的重要环节之一，影响了土壤质量、土壤肥力、土壤健康等，并参与和控制其他物质或养分的循环过程。土壤氮循环的研究已有近100年，传统的土壤氮循环研究方法为野外观测法，结合室内培养和理化分析可以用于测定土壤中主要氮形态的浓度、通量等，模型模拟则可以揭示各形态氮的来源和去向，并进行中长期预测。近年来，稳定性同位素示踪技术、PCR 扩增技术、DNA 指纹图谱技术、分子杂交技术、测序技术等方法应用于土壤学后，氮循环过程和机理研究取得了长足进展。以下就土壤氮循环研究方法进行分类概述。

3.1.1 表观通量直接观测

1. 土壤含氮气体排放测定方法

土壤氮循环过程排放的含氮气体中，大部分含氮气体都可以通过箱法测定。其基本原理是：用一定大小的箱子罩在被测土壤表面，阻止箱内外气体进行自由交换，通过测定箱内气样中气体的变化速率，计算得出目标气体的交换通量(Yao et al., 2009)。箱法根据密闭还是开放，分为密闭式静态箱法、密闭式动态箱法和开放式动态箱法；根据是否透明，又可分为明箱法和暗箱法。

大气中氮气(N_2)背景浓度很高，大气 N_2 体积浓度约为78%，因此 N_2 排放通量的测定一直是国际土壤学领域公认的难题。密闭培养-氦环境法是较晚发展起来用于测定土壤 N_2 排放的研究方法。其原理是：在室内控制条件下人为制造密闭环境，然后用氦气置换密闭环境中的 N_2，达到降低 N_2 背景浓度的目的，以便直接测定土壤中排出的微量 N_2。但是由于密闭培养-氦环境法需要人为制造密闭空间，因此该方法具有内在无法克服的缺点与潜在的系统误差。目前该方法还无法适用于典型生态系统(如森林、草地、湿地、农田等)的土壤 N_2 排放通量的原位观测。

氧化亚氮(N_2O)是除 CO_2 和 CH_4 以外的一种重要的温室气体。对全球变暖的贡献率超过了 25%。在土壤中，N_2O 可通过多种微生物过程产生，主要包括硝化作用、反硝化作用、硝化细菌反硝化、联合硝化-反硝化以及硝酸盐异化还原成铵等作用(Baggs, 2011)。目前，对 N_2O 测定的主要方法有微气象法和箱法。

微气象法主要适用于大区域自然源土壤(如森林、湿地等生态系统)N_2O 排放通量监测；静态箱法-气相色谱法主要适用于人为源土壤(如农田生态系统)N_2O 排放通量研究。

气态亚硝酸(HONO)是城市大气污染的一种典型代表物。HONO 的特点是浓度低、反应活性强、易溶于水等(安俊岭等，2014)。其测定对仪器的精度、灵敏度等各项参数提出了很高要求。一般来说，HONO 的测定可分为湿化学法和光谱方法。湿化学法是指经采样管采集的 HONO 溶于碳酸钠或其他溶液，或让化学溶液反应，生成相对稳定的含氮化合物，进而利用离子色谱法、高效液相色谱仪法、比色法等测定气态 HONO 浓度的方法。化学方法所用仪器一般包括样品采集装置和浓度测定装置两个部分。光谱方法是基于朗伯-比尔定律，通过在紫外分光吸收带(340~380 nm)和红外吸收带中拟合特征光谱对大气 HONO 浓度进行定性和定量。光谱方法具有快速和灵敏度高的特点，目前，较为常见的光谱技术有差分光学吸收光谱术、非相干宽带腔增强吸收光谱术、可调谐红外激光差分吸收光谱术和热解离化学发光术等(Clemitshaw，2004)。其中，差分光学吸收光谱系统是气态 HONO 测定的标准方法。

氨挥发是土壤氮素损失的主要途径之一。目前氨挥发测定在农田生态系统的应用较为普遍，森林生态系统氨挥发测定较少，这里仅介绍农田生态系统氨挥发测定方法。农田生态系统氨挥发测定方法分为直接法和间接法。直接法是结合氨气采集和测定技术直接测定氨挥发速率。常用的测定方法包括箱式法、微气象学法和可调谐二极管激光吸收光谱-反向拉格朗日随机扩散模型法。间接法主要是土壤平衡法。由于间接法需要测定的项目多、耗时长，测定结果误差较大，采用该方法测定较少。目前，常用氨挥发浓度测定方法主要是箱式法和微气象法。其中，箱式法可细分为密闭室法和通气室法，微气象学法细分为梯度扩散法、涡度相关法和质量平衡法。箱式法所用器材简单，易操作，国内测定农田氨挥发多用此法。相比之下，微气象学法比箱式法更具空间代表性，但是微气象学法需要面积大、地势平坦的试验区，以及昂贵的测定仪器，这限制了微气象学法的广泛应用(Denmead，1983)。可调谐二极管激光吸收光谱-反向拉格朗日随机扩散模型法可以实现对气体浓度的快速检测，但是需要大面积均一试验地，且设备较为昂贵。

2. 大气氮沉降测定方法

大气氮沉降包括干沉降和湿沉降两个过程。大气湿沉降早期的检测方法是用雨量筒收集大气降水，但是这种方法测得的结果中包含了少量的干沉降。雨量筒方法由于价格低廉、安装方便，在大气降水测量中应用广泛。大气干、湿沉降自动收集仪是专门为区分干、湿沉降的研究需要产生的。目前应用较多的干、湿沉降仪器收集到的干沉降事实上只有部分颗粒物，并不能满足干沉降研究需要，但是可以满足湿沉降研究需要。湿沉降收集仪器平时关闭，降水时由传感器控制打开收集湿沉降样品。离子交换树脂法是利用树脂中的官能团在水溶液中发生电离，并通过离子交换的方法将降水中的离子如 NH_4^+、NO_2^- 和 NO_3^- 等固定在树脂中带相反电荷的官能团上。该方法主要测定氮湿沉降中的 NH_4^+、NO_2^- 和 NO_3^-，而不能测定降水有机氮干、湿沉降，使得氮沉降通量结果偏低。

大气氮素干沉降通量的测定比较复杂，测量方法主要有微气象学法、推算法和替换面法。目前常用的微气象学通量观测方法有梯度法、涡度相关法、松弛涡度累积法、时均梯度法或条件时均梯度法（Businger and Oncley，1990；Wesely and Hicks，2000；Fowler et al.，2001；Erisman et al.，2001）。

3. 土壤氮淋溶和径流损失测定方法

淋溶和径流是土壤中的氮向地下和地表水流失的主要途径。土壤中氮的淋溶通量测定方法主要有土壤溶液提取法、土柱法和土钻取样法，通过收集到的渗漏水的体积并分析水样中氮的浓度，即可计算土壤氮淋溶量。氮径流流失通量则可以通过建立野外径流池，并计算流量、测定样品中的氮含量得出。

3.1.2 模型模拟

氮循环的模型研究是基于对实验结果的认识，根据实际测得的氮通量与诸多环境因素和社会经济因素之间的数学表达式来模拟计算系统氮动态的方法（Alexander et al.，2002）。活性氮在环境中的流动非常活跃，在氮循环过程中，氮循环级联反应的每一步均受到多种因素的影响，这使得模拟整个系统的氮循环过程变得比较困难。氮循环模型的研究主要集中在部分关键氮流的模拟计算上，包括河流的氮输出、大气氮沉降、反硝化、N_2O 的释放等过程。这些模型大体上可以概括为以下几类：统计模型、机理模型和系数模型。

1. 统计模型

统计模型也称为相关模型，是利用简单的经验回归将系统氮的通量与环境因子或者氮通量之间联系起来，并根据该回归方程来估算所需要的系统氮流（Alexander et al.，2002）。统计模型的代表主要有质量平衡模型和混合模型。

质量平衡模型是氮循环研究中常用的方法，通过系统的输入、输出来估算系统的氮积累、地表水氮流失以及反硝化。质量平衡模型受气候条件和生物过程的影响（Han et al.，2009）。

氮循环的混合模型是指在统计模型的回归关系基础上加上机理模型结构，充分利用实际能够得到的参数数据去模拟计算生态系统的氮流动态。典型的代表就是 SPARROW。

2. 机理模型

机理模型用于研究各种环境因子对氮循环过程的影响机理，从机理角度模拟矿化、腐殖化、硝化、反硝化、氨挥发、植物吸收和硝酸盐淋失等氮循环过程。机理模型目前主要有描述景观尺度上土壤氮循环过程的 CENTURY、DNDCD、NCSO-IL 等模型，描述大气氮传输与沉降的全球大气化学传输模型、大气环流模型和全球化学传输模型。这些模型已成为研究全球变化与陆地生态系统生物地球化学循环的重要手段。

3. 系数模型

系数模型是一种半经验模型。它可以根据不同景观、气候条件、人类氮源输入量等综合因素，得出每个氮来源的去向比例，采用百分比的形式(非单位面积上的氮通量)来分流每项氮输入，同时可以考虑时间尺度上的因素干扰以及人类活动的干预，具有较好的推广性。

近年来，氮循环与计算机、地理信息系统(GIS)、遥感等学科的紧密结合，使模型本身对过程或机理的描述越来越精细，使用的范围和尺度(由点位到大尺度)在不断扩展、不断深入，极大地促进了氮循环模拟研究的发展。

3.1.3　稳定同位素技术

氮同位素作为研究氮循环的新型工具，具有测量简单、不受取样时间和空间限制等优点，在氮循环研究中得到了广泛运用。氮输入(生物固氮)、氮转化(矿化和硝化作用、分解作用及在食物网中的转化等)和氮输出(主要是氮挥发、反硝化及硝酸盐淋溶)等氮循环过程均可能伴有强烈的氮同位素分馏现象。目前，普遍认为 $\delta^{15}N$ 的值能较好地指示土壤氮循环速率及生态系统氮循环开放程度。硝化作用和反硝化作用产生 N_2O 的反应机制不同，导致 N_2O 同位素组成差异(Zhang et al.，2011)。所以，利用氮稳定同位素标记法、SP 值同位素异构体法以及多种同位素法相结合研究 N_2O 的产生机制及微生物过程，可为研究 N_2O 的排放途径提供一种可供选择的方法。氮稳定同位素比值测定通常采用质谱法或者光谱法。

生物固氮是土壤氮的重要来源之一，现有的生物固氮同位素测定方法包括 ^{15}N 自然丰度法、^{15}N 同位素稀释法和 $^{15}N_2$ 示踪法。^{15}N 自然丰度法不需要使用 ^{15}N 标记肥料，不破坏固氮植物生长的自然环境，主要是根据植物利用的不同氮源，即土壤氮源和空气氮源之间 ^{15}N 自然丰度的差异而形成植物之间 ^{15}N 丰度差异来确定固氮植物的固氮量。但是由于固氮植物和非固氮参比植物 ^{15}N 丰度差异很小，这就要求尽可能提高 ^{15}N 测量精确度并严格选择参比植物。^{15}N 同位素稀释法在

20 世纪 70 年代至 90 年代得到广泛应用。该方法就是将固氮植物和非固氮植物种植在施用相同量 ^{15}N 标记肥料的土壤中(Chalk, 1985)。试验中定期采集植物地上部分和地下部分样品，洗干净并烘干称重，粉碎，过筛。应用元素分析仪和稳定同位素比例质谱仪分别测定样品的含氮量和 ^{15}N 原子丰度，计算得到固氮植物的生物固氮量(陈朝勋等, 2005)。测定生物固氮量最直接、准确的方法是 ^{15}N$_2$ 示踪法(Chalk et al., 2017)，该方法自 20 世纪 40 年代建立以来，目前仍然是测定生物固氮量最准确有效的手段。该方法原理简单，即将被测样品置于气密装置之中，注入高丰度的 ^{15}N$_2$，培养一段时间后取出并测定样品的 ^{15}N 丰度。与 ^{15}N 同位素稀释法和 ^{15}N 自然丰度法相比，由于无需选择非固氮参比植物，应用 ^{15}N$_2$ 示踪法的实验结果更加可靠。

土壤氮循环过程中，作为主要的氮输入源，有机质、雨水、化学肥料、生活废弃物和动物有机肥等具有不同的氮同位素自然丰度特征(Nikolenko et al., 2018)，利用氮同位素自然丰度信息，可以明确森林生态系统排放的氮对大气氮的贡献。此外，稳定同位素示踪技术还可以用来研究土壤氮的去向，以及氮肥在土壤-植物系统的存留时间等。

3.1.4　分子生物学技术

随着分子生物学技术的广泛应用，土壤微生物对土壤氮循环影响的研究得到了巨大的进步和长足的发展。古菌氨单加氧酶结构基因 *amoA*、*amoB* 和 *amoC* 的发现，以及第一株纯培养的氨氧化古菌的获得，加深了人们对硝化作用的了解。分子生物学的极大发展，丰富了对氮循环的其他重要生态过程，如固氮作用、氨化作用、脱氨作用和反硝化作用中关键微生物的认识，并充分展示了这些微生物在地球化学元素转化中的关键作用，极大地促进了土壤氮素转化生态学领域向纵深发展(贺纪正和张丽梅, 2013)。

目前对于氮转化功能微生物表征的方法主要分为：①基于功能基因的实时荧光定量(qPCR)技术，通过设计特定引物，利用 qPCR 技术对环境中氮转化微生物的特定功能基因进行丰度表征；②基于功能基因的高通量测序技术，该技术可以获得氮转化功能微生物的群落信息，并进一步分析和预测氮转化微生物分布群落和结构及其与环境因子的关系等；③基于微生物活性的稳定同位素核酸探针技术，可以把特定氮转化过程和驱动该过程的功能微生物类群进行偶联，对 ^{13}C-DNA/RNA 的宏基因组测序分析可以进一步获取功能微生物的基因组及其潜在生理代谢多样性信息；④基于细胞水平的标识，包括传统的荧光原位杂交技术(FISH)，以及最近发展起来的 FISH 和纳米二次离子质谱、扫描电子显微镜、拉曼光谱、流式细胞仪等技术的联合表征方法。

3.2　试验方法

　　本书目的是研究不同恢复时期火干扰对土壤矿化速率的影响。由于我国目前还在实行严格的林火管理控制政策，加之目前林火监测与扑救技术的大力发展，导致近年来重度火烧次数大大减少，所以不能在每个年代都找到重度火烧样地，因此本研究主要依托黑龙江南瓮河国家级自然保护区(51°05′0″～51°39′24″N，125°07′55″～125°50′05″E)、黑龙江漠河森林生态系统定位研究站(52°16′58″～53°16′58″N，121°11′22″～123°16′10″E)以及塔河林火试验站(52°07′～53°20′N，123°20′～125°05′E)3个区域开展野外科学研究。在漠河县古莲林场选择2012年重度火烧样地和邻近未火烧区域设置火干扰后3年样地。在2006年松岭重度火烧样地和邻近未火烧区域设置火干扰后9年样地。选择1987年"5·6"火灾重度火烧样地和邻近未火烧区域设置火干扰后28年样地，并在塔河1987年"5·6"火灾火干扰后兴安落叶松人工造林地选择样地开展火干扰后不同恢复方式下对土壤氮矿化速率影响的研究。本研究于2014年11月初从大兴安岭加格达奇到黑龙江南瓮河国家级自然保护区再到塔河及漠河进行野外踏查选择野外试验样地，并于2015年4月分别在上述每个火烧样地、火干扰后人工造林地和邻近未火烧区域，于坡度坡向一致的条件下设置3个大小为20m×20m样地，共计21块样地。在进行样地设置的同时进行野外样地本底值的采样测定，包括土壤及植被基本情况调查。本研究样地内基本信息见表3-1，样地内土壤性状基本信息见表3-2。除此之外，由于2017年4月28日在黑龙江省帽儿山地区(45°12′～45°30′N，127°30′～127°48′E)落叶松人工林发生重度森林火灾，本研究在发生火灾7天后对过火区域和邻近未过火区域进行土壤采样，并带回实验室进行室内培养研究，探究火干扰后室内培养条件下土壤氮矿化的变化规律。

表 3-1　实验样地基本信息

	火干扰后 3 年		火干扰后 9 年		火干扰后 28 年	
	对照样地	火烧样地	对照样地	火烧样地	对照样地	火烧样地
平均胸径/cm	26.2±2.0	18.1±3.2	14.4±2.3	13.0±1.5	22.0±3.5	14.3±1.6
平均树高/m	24.7±1.5	20.1±2.2	17.0±1.3	16.5±0.6	22.5±1.1	16.4±0.8
郁闭度	0.8	0.7	0.7	0.7	0.7	0.6
林龄/年	70	45	50	50	60	55
腐殖质厚度/cm	9.2±1.2	2.5±0.2	10.5±1.0	6.2±0.6	11.5±2.3	6.3±0.5
凋落物全碳/(g·kg^{-1})	429.5±3.5		442.3±6.6		423.4±8.0	
凋落物全氮/(g·kg^{-1})	4.1±1.2		5.34±3.0		3.2±0.8	
凋落物全磷/(g·kg^{-1})	0.7±0.3		1.1±0.7		0.6±0.2	

　　注：数据为均值±标准误差。

表 3-2　样地土壤性状基本信息

火干扰后年限	样地类型	层次/cm	总有机碳/ (g·kg⁻¹)	总氮/ (g·kg⁻¹)	有效磷/ (mg·kg⁻¹)	速效钾/ (mg·kg⁻¹)	容重/ (g·cm⁻³)	pH
3 年	火烧样地	0~10	74.20±25.31	7.56±0.74	54.35±23.47	514.88±77.02	0.58±0.08	3.99±0.14
		10~20	33.27±13.62	6.76±0.70	42.12±20.57	337.32±57.03	0.78±0.04	3.75±0.03
	对照样地	0~10	54.26±4.40	6.94±0.78	40.67±4.55	583.04±187.61	0.82±0.01	4.26±0.09
		10~20	28.06±0.73	6.11±0.66	36.83±6.50	517.61±157.16	1.10±0.12	4.10±0.12
9 年	火烧样地	0~10	99.25±9.69	6.75±1.62	13.49±2.29	534.98±102.45	0.61±0.16	4.59±0.13
		10~20	41.79±6.95	3.73±0.68	25.85±4.01	406.87±174.28	0.99±0.08	4.24±0.20
	对照样地	0~10	83.29±26.12	4.43±1.40	57.71±6.29	458.99±114.19	0.80±0.06	4.64±0.20
		10~20	34.13±5.27	3.09±0.97	35.91±7.03	293.89±24.30	1.03±0.11	4.18±0.09
28 年	火烧样地 (自然恢复)	0~10	76.16±32.03	5.72±0.18	26.55±16.47	888.51±137.07	0.62±0.04	4.03±0.23
		10~20	34.42±17.18	3.94±1.14	26.31±4.81	354.48±111.30	1.07±0.08	4.01±0.19
	火烧样地 (人工恢复)	0~10	50.07±9.53	5.05±0.7	40.06±9.37	402.73±91.35	0.72±0.19	4.12±0.13
		10~20	21.59±3.67	3.39±1.14	18.48±2.89	187.15±28.03	1.10±0.03	3.90±0.10
	对照样地	0~10	140.88±34.53	9.59±1.02	28.66±7.17	668.81±354.66	0.65±0.27	4.39±0.16
		10~20	50.94±21.35	7.25±1.36	24.39±3.92	343.75±116.28	1.06±0.10	4.32±0.13

3.2.1　取样方法

1. 凋落物分解取样方法

在 3 个地区内选取位置相邻的过火和未过火兴安落叶松林作为试验样地，每个试验样地内选取 3 个 20 m×20 m 试验样方。于 2015 年 10 月收集各地区当年凋落的兴安落叶松针叶，取 10g 左右置于 15 cm×20 cm 的分解袋内，将分解袋分为上、下两层布设(上层分解袋直接放置于带有凋落物层的林地地表，下层分解袋放置于去除地表凋落物层的林地土壤上)，并于 2016 年 5 月、7 月、8 月、9 月收集不同处理的分解袋，每种处理的分解袋每月各取回 3 个，共取回 144 个分解袋。

2. 土壤氮矿化取样方法

在每个样地按对角线法选取 5 个原位培养点，采用原位培养连续取样法(Raison et al.，1987)进行测定。在每一培养点将 2 根 5 cm×20 cm(内径×长)镀锌管打入土壤。每次取样时，小心取出 2 根管，其中一根管土壤带回实验室分析，另一根管在管顶用塑料薄膜封口、管底用纱布封口后重新埋回原位进行为期 30 天的原位培养。培养结束时，取出培养管，同时将下一批管按上述方法布设于上次培养点附近。样地中培养与非培养采样镀锌管的空间分布如图 3-1 所示。在取样过程中，将管中土壤分为 0～10 cm 和 10～20 cm 两层土样，以下简称上层和下层土壤。将同一样地的 5 个取样点相同层次的土壤均匀混合后过 2 mm 筛，装入封口袋中，放入保温箱，带回实验室做室内分析。试验从 2016 年 5 月开始至 2017 年 10 月结束，包括两个生长季和一个冬季，共采样 8 次。

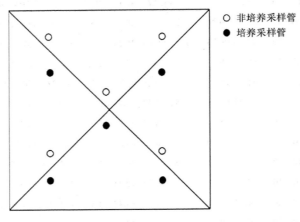

○ 非培养采样管
● 培养采样管

图 3-1 样地中培养与非培养采样管的空间分布

3.2.2 样品分析

1. 凋落物碳氮磷全量测定

简单清理网袋上的杂质，烘干称重。利用研磨机粉碎研磨，过 60 目筛，用于养分测定：用硫酸-过氧化氢法消煮样品，通过碳氮分析仪（Multi N/C3000，Analytik Jena AG，Germany）进行凋落物全碳和全氮含量测定，通过分光光度计（METASH V-5000）进行凋落物全磷含量测定。

2. 凋落物分解速率的计算

分解指数模型为（Olson，1963；Zhang et al.，2008a）：

$$X_t / X_0 = a \cdot e - k_t \tag{3-1}$$

凋落物分解的半衰期（50%分解）计算式：

$$t_{0.05} = \ln 0.5 / (-k) \tag{3-2}$$

完全分解时间（95%分解）计算式：

$$t_{0.95} = \ln 0.05 / (-k) \tag{3-3}$$

式中，X_t 为分解一段时间 t 后凋落物残留的质量；X_0 为分解凋落物的初始质量；a

为拟合参数；k 为凋落物分解系数 $(g \cdot g^{-1} \cdot a^{-1})$；$t$ 为凋落物分解时间（年）。

3. 土壤有机氮铵化、硝化和矿化速率的测定

土壤 NH_4^+-N 和 NO_3^--N 含量 $(mg \cdot kg^{-1})$ 的测定采用氯化钙 $(CaCl_2)$ 浸提法：将新鲜土壤过 2 mm 筛，取约 5.00 g 放入 100 mL 的三角瓶中，然后加入 50 mL 的 $0.01 \, mol \cdot L^{-1} \, CaCl_2$ 溶液进行浸提。在 25℃的条件下振荡 1 h $(200 \, r \cdot min^{-1})$，通过 Whatman 1 号滤纸 (Whatman International Ltd, Maidstone, Kent, UK) 进行过滤，获得滤液后在 24 h 内进行样品分析，否则将制成样品进行封装，置于冰箱内 –15℃ 条件下冷藏处理，并在 3 个月内完成对样品的测量以确保实验结果的准确。实验样品经过流动分析仪 (BRAN+LUEBBE-AA3，Germany) 进行测定。

4. 土壤铵化速率、硝化速率和矿化速率的计算

土壤净铵化速率 (R_{amm})、净硝化速率 (R_{nit}) 和净矿化速率 (R_{min}) $(mg \cdot kg^{-1} \cdot d^{-1})$ 利用培养后与培养前土壤 NH_4^+-N、NO_3^--N 和无机氮的差异量来计算。R_{amm}、R_{nit} 和 R_{min} 的计算公式如下：

$$A_{amm} = [NH_4^+ - N]t_{i+1} - [NH_4^+ - N]t_i \tag{3-4}$$

$$A_{nit} = [NO_3^- - N]t_{i+1} - [NO_3^- - N]t_i \tag{3-5}$$

$$A_{min} = A_{amm} + A_{nit} \tag{3-6}$$

$$R_{amm} = A_{amm} / \Delta t \tag{3-7}$$

$$R_{nit} = A_{nit} / \Delta t \tag{3-8}$$

$$R_{min} = A_{min} / \Delta t \tag{3-9}$$

式中，t_i、t_{i+1}、Δt 分别为培养开始时间、培养结束时间和培养结束与开始时间差；$[NH_4^+ - N]t_i$、$[NH_4^+ - N]t_{i+1}$ 分别为培养开始与培养结束时土壤 $NH_4^+ - N$ 含量；$[NO_3^- - N]t_i$、$[NO_3^- - N]t_{i+1}$ 分别为培养开始与培养结束时土壤 $NO_3^- - N$ 含量；A_{amm}、A_{nit}、A_{min} 分别为在 Δt 时间段内土壤 $NH_4^+ - N$、$NO_3^- - N$ 和无机氮 $(NH_4^+ - N + NO_3^- - N)$ 的累积量。

5. 土壤微生物生物量氮和土壤微生物生物量碳的测定

火干扰后不同恢复阶段各样地中土壤微生物生物量氮固持及转化试验与氮矿化试验同步进行。在每次取矿化土壤样品时，从各个样地样品中取出部分新鲜样品测定微生物量氮与微生物量碳。采样后将土壤置于便携式保温冰箱内，确保 24 h 内将土壤带回实验室置于 0~4℃低温储存并进行室内分析。

土壤总有机碳采用 Multi N/C3000 分析仪 HT1500 Solids Module 固体模块测定。土壤总氮采用半微量开氏法（GB 7173—87）。土壤微生物生物量氮和微生物生物量碳的测定采用氯仿熏蒸浸提法（chloroform fumigation-extraction method）（Brookes et al.，1985），即称取烘干土重约 10 g，过 2 mm 筛的新鲜土样，放入 100 mL 的小烧杯中，连同盛有 60 mL 左右的去乙醇氯仿（放有沸石）的小烧杯，一起放入真空干燥器内，将干燥器放入生化培养箱中，25℃条件下培养 24 h。24 h 后取出氯仿，用真空泵反复抽气，去除残留氯仿。在熏蒸处理后的土样中加入 25 mL 的 0.5 mol · L^{-1} 硫酸钾溶液（土水比为 1∶2.5），于 25℃，200 r · min^{-1} 振荡 30 min，静止后迅速用中速定量滤纸过滤到离心管（尽量使滤液达到 15～20 mL），滤液立即进行碳和氮的测定或置于-15℃条件下保存。与此同时，取等量未熏蒸土样做对照试验。同时，浸提液中的有机碳和全氮采用 multi N/C 2100 分析仪（Analytik Jena AG，Germany）测定。土壤微生物生物量氮（MBN，mg · kg^{-1}）和土壤微生物生物量碳（MBC，mg · kg^{-1}）的计算公式如下（Wu et al.，1990；Joergensen and Brookes，1990）：

$$MBN = 2.22 \times E_N \qquad (3\text{-}10)$$

$$MBC = 2.22 \times E_C \qquad (3\text{-}11)$$

式中，E_N 和 E_C 分别代表熏蒸与未熏蒸浸提液中全氮和有机碳的差值；2.22 为校正系数。

6. 土壤含水率的测定

本研究中土壤含水率（SWC，%）采用土壤绝对含水率：使用电子秤称量 10 g 自然湿土土壤，放入已知质量的铝盒内，盖好铝盒盖，进行称量并记录质量。取下铝盒盖，放入烘箱内在 105℃的条件下进行反复烘干直至铝盒质量不再变化为止，取出铝盒进行称重，按照如下公式计算出土壤含水率（陈立新，2005）：

$$SWC = (M_0 - M_1) / M_1 \times 100\% \qquad (3\text{-}12)$$

式中，M_0 为土壤湿重（g）；M_1 为土壤干重（g）。

7. 土壤 pH 的测定

土壤 pH 使用电位法测定：称取 10 g 过 2 mm 筛的土样于烧杯中，加入 50 mL 0.01 mol · L^{-1} 的 CaCl$_2$ 溶液，振荡 1～2 min，静置 30 min，使用 PHS-3C 型 pH 计测量 pH（陈立新，2005）。

8. 土壤速效钾的测定

土壤速效钾使用火焰比色法测定：称取 5 g 过 2 mm 筛的土样于三角瓶中，加入 50 mL 的 1 mol · L^{-1} 的乙酸铵溶液，加塞振荡 30 min 后用干滤纸过滤，直接用火焰光度计测定滤液，通过检流计读数，查工作曲线即可得待测液的 K 浓度（μg·g⁻¹）。根据待测液浓度计算土壤速效钾含量(陈立新，2005)。

9. 土壤有效磷的测定

使用磷钼蓝比色法测定：称取 5 g 过 2 mm 筛的土样于三角形瓶中，加入 25 mL 的 0.05 mol·L⁻¹ HCl-0.025 mol·L⁻¹ H₂SO₄ 浸提液，振荡 5 min 过滤，滤液为待测液，并做试剂空白试验。同时吸取 5 mL 待测液于 50 mL 容量瓶中，加 1 滴 2, 4-二硝基酚为指示剂，用 2 mol·L⁻¹ 的 NaOH 溶液调至黄色，再用 0.5 mol·L⁻¹ 的 H₂SO₄ 溶液调至微黄色。加入 5 mL 钼锑抗显色剂，蒸馏水定容，摇匀，放置 30 min 显色后，在分光光度计上用 1 cm 光径的比色皿在 700 nm 波长比色，以空白试剂为参比液，调吸收值为 0。测定待测液的吸收值，在 P 的标准曲线上查出显色液的 P 浓度(μg·g⁻¹)。根据显色液浓度计算土壤有效磷含量(陈立新，2005)。

10. 室内氮矿化土壤培养

室内氮矿化土壤培养采用通气培养法：将新鲜土壤过 2 mm 筛，将土壤含水率调至 60%左右，装入 1000 mL 玻璃杯中，瓶口用保鲜膜封好，保证氧气可以进行交换。然后放入恒温培养箱中培养 50 天，分别在 0 天、3 天、6 天、10 天、20 天、30 天、50 天对土壤铵态氮、土壤硝态氮、土壤 pH、速效钾、有效磷含量进行测量，测量方法与野外测量方法一致。

3.2.3　植物群落特征调查

在 2016 年 7 月中旬,对塔河样地(火干扰后 9 年)中的火干扰后自然恢复样地、火干扰后人工恢复样地和未火烧对照样地进行植物群落特征调查，在每块样地内设置 10 个 0.5 m×0.5 m 的小样方，记录植物种、株数、株高、盖度，并对豆科植物进行分类后带回实验室烘干处理，测量草本植物生物量与草本豆科植物生物量。根据植物群落特征调查结果计算生物多样性指标，生物多样性指标计算公式如下(Pielou, 1969；Hill, 1973；Petraitis et al., 1989；游水生等, 1998；Ulanowicz, 2001；布仁图雅和姜慧敏, 2014)。

Simpson 多样性指数(D)：

$$D = 1 - \sum_{i=1}^{s} (N_i/N)^2 \tag{3-13}$$

Shannon-Wiener 指数(H')：

$$H' = -\sum_{i=1}^{s} P_i \ln P_i \tag{3-14}$$

Margalef 物种丰富度指数(R)：

$$R = (S - 1) / \ln(N) \qquad (3\text{-}15)$$

Pielou 物种均匀度指数(E)：

$$E = H' / \ln S \qquad (3\text{-}16)$$

式中，S 为样方内物种总数；N 为样方记录种类个体总数；N_i 为第 i 种个体总数，$P_i = N_i / N$，即 N_i 种个体总数占采样种类个体总数的比例。

豆科植物重要值指数（IVI）：

$$\text{IVI}(\%) = (相对密度 + 相对频度 + 相对优势度) / 3 \qquad (3\text{-}17)$$

第4章　火干扰对凋落物分解及其碳氮磷化学计量的影响

凋落物分解受生物和非生物作用共同影响，包括物理粉碎、淋溶作用和有机物分解三个方面(McClaugherty et al.，1985；李志安等，2004)。一般认为凋落物自身性质、土壤微生物和动物、温度、降水等是影响凋落物分解的主要因素(林波等，2004；王相娥等，2009；冷海楠等，2016)。近年来，混合凋落物分解(李志安等，2004)、氮沉降(陈翔，2014；春蕾等，2015；赵鹏武等，2009)、全球暖化效应(彭少麟和刘强，2002；窦荣鹏，2010)、季节性融雪(邓仁菊等，2009；和润莲，2015)等因素对凋落物分解的影响也成为热门议题。

从生物学特性来看，凋落物自身性质是影响凋落物分解的最重要因素，一般认为相同纬度的凋落物分解速率为果实＞阔叶＞针叶＞小枝和球果＞树皮，这是因为植物体内含有水、糖类、蛋白质、果胶、淀粉、水溶性物质等易分解物质，以及木质素、纤维素、半纤维素、多酚类物质等难分解物质(邱尔发等，2005)。理论上，含有易分解物质越多，分解速率越快(Aerts and Caluwe，1997)。凋落物内的多种成分需要不同的酶和微生物来分解，也因为分解各种成分的酶和微生物的数量及活性不同，导致不同凋落物的分解速率出现差异，凋落物内的成分被划分为易分解和难分解物质。酶和微生物的活性及数量又受生态学的影响(于成德，2016)。

从生态学的角度来看，温度胁迫、水分胁迫、盐分胁迫等对酶和微生物的活性及数量具有决定性的影响(刘远，2014；洪丕征，2015；周晶，2017)，适度的养分富集可能加快凋落物分解(Jones et al.，2014)，尤其是在全球变暖的情况下(Chergui and Pattee，1990)。所以，凋落物自身的内环境如凋落物含水率、凋落物组成及数量、凋落物各组成成分占比、全 N 含量、全 P 含量、C/N 等，以及凋落物的外环境如年均气温、土壤类型、土壤 pH、可溶性 C 含量、可溶性 N 含量、可溶性 P 含量等因素直接或间接地影响凋落物分解。凋落物是营养物质归还土壤的重要途径，尤其是 N 和 P(Chave et al.，2010)。研究发现，地被凋落物的各元素含量中，最高的是有机 C 含量，其次为 N 或 Ca 含量，再次是 K 或 Mg 含量，P 含量最低。养分贮量具有明显的纬度地带性，即从热带、亚热带到温带，养分贮量逐渐增大(郑路和卢立华，2012)。我国学者在 1989 年就利用网袋法和网罩法对热带林凋落叶分解展开了研究，并指出凋落物分解过程中 K、Ca 元素由于淋溶作用先于叶分解，N、Na 元素的迁移率与凋落叶分解同步，而 Si、Al 等元素常形成难溶性的盐类和氧化物，导致迁移率比叶分解慢(卢俊培和刘其汉，1989)。凋落物分解速率与全 C、C/N、凋落物层厚度呈极显著负相关(吕瑞恒等，2012)，禾本科植物的增加能显著增加 C、N 相关水解酶的活性，但对 P 相关水解酶没有作用，且混种处理的 β-1，4-葡萄糖苷酶、β-1，4-木糖苷酶、β-1，4-N-乙酰葡糖胺糖苷酶和 FDA 水解酶较单种处理整体上有增加趋势；轻度干旱胁迫条件下根际 C、N 相关水解酶和多酚氧化酶、FDA 水解酶活性高于水分充足条件，而与 P 相关的水解酶则相反（孙彩丽，2017）。此外，大型动物和土壤动物对凋落物的取食、碎化，对于凋落物分解和凋落物的外环境改变具有促进作用（梁德飞，2016；王振海，2016）；树种混交改变了凋落物自身的种类和数量，同时改变了凋落物外环境，凋落物组分不同，其土壤微生物特征不同，凋落物质量的提高及不同种类凋落物的混合能够提高土壤中微生物生物量碳含量、微生物呼吸速率及有机碳利用效率（立天宇，2015）。

　　国外对火干扰后凋落物分解速率研究得比较深入，如 Raison 等（1986b）研究了亚高山桉树林火干扰后凋落物的分解与积累；Brennan 等（2009）研究了全球气候变暖、火烧频率和凋落物分解之间的关系；Grigal 和 Mccoll（1977）研究了美国明尼苏达州东北部森林火灾后凋落物的分解速率，并发现火干扰对凋落物分解几乎没有影响。Hernández 和 Hobbie（2008）等学者认为火干扰后凋落物分解速率降低，另一些学者则认为火干扰可加快地表凋落物分解速率（Throop et al.，2017）。近年来，我国也开展了许多关于干扰对凋落物分解影响的研究，如宋飘（2013）研究了中亚热带森林生态系统中不同人为干扰对凋落物分解的影响；杨新芳等（2016）研究了火干扰后大兴安岭森林凋落物和土壤碳氮磷化学计量特征。

4.1　数据统计分析

　　本文使用 SPSS 16.0 软件（SPSS Institute，Inc.，Chicago，IL，USA）对火烧样地和未火烧样地内同类型、相同处理的凋落物质量剩余和元素归还数据进行描述性统计分析，利用多因素方差分析，比较是否火干扰、火干扰年限、上下层及其交互作用对凋落物碳氮磷含量和分解速率 k 是否具有显著作用。利用最小显著性差异（least-significant differences，LSD）检验方法做多重比较。通过 SPSS 16.0 做凋落物养分元素和分解速率的线性拟合（置信区间 95%），并用 OriginPro2018 软件（OriginLab，Northampton，Massachusetts，USA）作线性拟合图。最后，利用 R3.4.4（R Core Team，2018）中的 vegan 数据包（Dixon，2003）进行冗余分析（RDA），以细化火干扰后碳氮磷含量与分解速率 k 之间的关系。

4.2　火干扰后凋落物分解动态变化

　　火干扰后 3 年、9 年上层凋落物质量剩余年均值分别比对照样地低 4.36% 和 4.13%，火干扰后 28 年比对照样地高 5.93%。火干扰后 3 年、9 年下层凋落物质量剩余年均值分别比对照样地低 1.33% 和 5.81%，火干扰后 28 年比对照样地高

0.03%（图4-1）。火干扰后3年、9年上层和下层凋落物均表现出剩余质量小于未火烧样地，而火干扰后28年时则表现出相反趋势，差异均不显著。

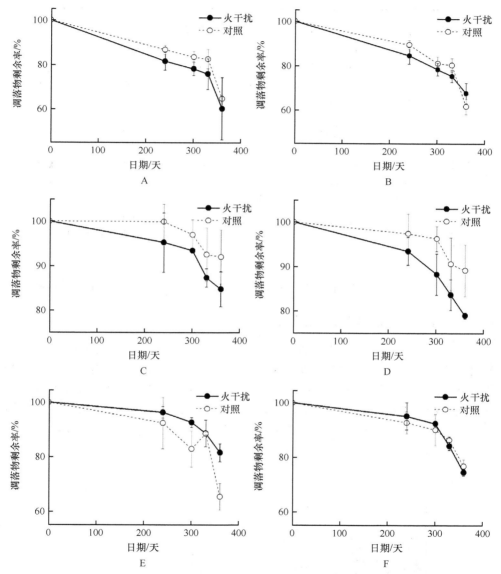

图4-1　凋落物质量剩余动态变化图

数据为均值±标准误差；A、B分别代表火干扰后3年上层和下层凋落物剩余率（%）；C、D分别代表火干扰后9年上层和下层凋落物剩余率（%）；E、F分别代表火干扰后28年上层和下层凋落物剩余率（%）。

与对照样地相比，火干扰后9年上层凋落物分解速率增加了91%（$p<0.01$），下层凋落物分解速率增加了109%（$p<0.05$）；此外，与对照样地相比，火干扰后

28 年凋落物分解下降 45%（$p<0.01$）（表 4-1）。

表 4-1　凋落物分解速率拟合

火干扰后年限	处理	拟合方程	分解速率 k	R^2	半分解时间/年	分解 95%时间/年
3 年	BU	$y=1.0278e^{-0.405x}$	0.405	0.789	1.78	7.46
	BL	$y=1.0204e^{-0.35x}$	0.35	0.913	2.04	8.62
	UU	$y=1.0302e^{-0.324x}$	0.324	0.67	2.23	9.34
	UL	$y=1.0441e^{-0.366x}$	0.366	0.657	2.01	8.30
9 年	BU	$y=1.0156e^{-0.147x}$	0.147	0.758	4.82	20.48
	BL	$y=1.0209e^{-0.211x}$	0.211	0.817	3.38	14.30
	UU	$y=1.0135e^{-0.077x}$	0.077	0.577	9.18	39.08
	UL	$y=1.013e^{-0.101x}$	0.101	0.674	6.99	29.79
28 年	BU	$y=1.0223e^{-0.163x}$	0.163	0.668	4.39	18.51
	BL	$y=1.0342e^{-0.226x}$	0.226	0.601	3.22	13.40
	UU	$y=1.0391e^{-0.297x}$	0.297	0.534	2.46	10.22
	UL	$y=1.0222e^{-0.207x}$	0.207	0.712	3.45	14.58

注：BU，火烧样地上层凋落物；BL，火烧样地下层凋落物；UU，未火烧样地上层凋落物；UL，未火烧样地下层凋落物。

4.3　火干扰对凋落物碳氮磷含量及其化学计量的影响

4.3.1　火干扰后凋落物碳氮磷含量

火干扰后 3 年，下层凋落物年均 C 含量比对照样地低 1.3%（$p<0.05$），下层凋落物年均 C/N 的值比对照样地高 87.7%（$p<0.05$）；火干扰后 9 年，下层凋落物年均 N 含量比对照样地低 19.6%（$p<0.05$）；火干扰后 28 年，上层凋落物年均 C 含量比对照样地低 1.5%（$p<0.05$）（图 4-2A、B、C）。在其他各样地中，火干扰下

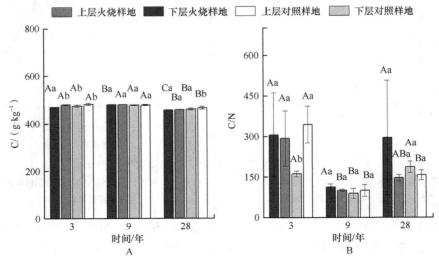

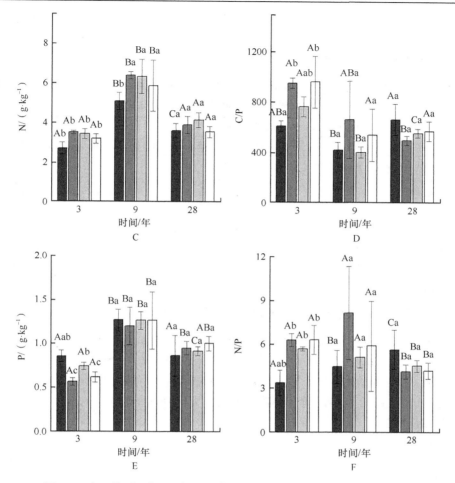

图 4-2　火干扰后 3 年、9 年、28 年凋落物碳氮磷含量及其化学计量比

大写字母代表组间差异(火干扰后不同年限)，小写字母代表组内差异(同一火干扰后年限内不同处理之间的
差异)。C，凋落物全碳；N，凋落物全氮；P，凋落物全磷。

凋落物 C、N、P 元素及其化学计量比变化与其各自对照样地相比差异均不显
著($p>0.05$)。虽然差异不显著，但仍然可以看出以下规律：火干扰后，上层凋落
物 C 含量低于对照样地(3 年和 28 年)，N 含量高于对照样地，P 含量和 C/N 低于
对照样地，C/P 和 N/P 无明显规律；下层 C 含量低于对照样地(3 年和 28 年)，N
含量低于对照样地，P 含量先高于后低于对照样地，C/N 高于对照样地，C/P 和
N/P 先低于对照样地后高于对照样地(图 4-2)。

4.3.2　火干扰对凋落物分解速率、碳氮磷含量及其化学计量的影响

根据双因素方差分析结果表明(表 4-2)，当考虑样地过火时，火干扰(F)对本地

区凋落物 C、分解速率 k 均具有显著影响（$p<0.01$）。火干扰年限与凋落物层交互作用对本地区凋落物 C/P、N/P 均具有显著影响（$p<0.05$）。在对应区域，不同年限火干扰后对照样地对本地区凋落物 C 和分解速率 k 均具有显著影响（$p<0.05$）。

表 4-2 双因素方差分析火干扰后年限（Y）、凋落物层（L）和火干扰年限与凋落物层交互作用（$Y×L$）对凋落物分解速率 k、碳氮磷含量及其化学计量的影响

		C/(g·kg⁻¹)		N/(g·kg⁻¹)		P/(g·kg⁻¹)		C/N		C/P		N/P		k	
		F 值	p 值	F 值	p 值	F 值	p 值	F 值	p 值	F 值	p 值	F 值	p 值	F 值	p 值
火烧	火干扰后年限（Y）	$4.01×10^{-5}$	***	0.84	—	0.78	—	0.77	—	0.15	—	0.67	—	0.00	***
	凋落物层（L）	0.16	—	0.22	—	0.51	—	0.39	—	0.09	—	0.05	—	0.34	—
	$Y×L$	0.35	—	0.63	—	0.30	—	0.36	—	0.013	*	0.02	*	0.14	—
对照	Y	$4.29×10^{-5}$	***	0.71	—	0.50	—	0.44	—	0.10	—	0.04	*	0.00	***
	L	0.11	—	0.55	—	0.94	—	0.18	—	0.24	—	0.55	—	0.97	—
	$Y×L$	0.98	—	0.86	—	0.58	—	0.08	—	0.45	—	0.46	—	0.10	—

*表示 $p<0.05$；***表示 $p<0.01$；—表示 $p>0.05$。

4.3.3 凋落物分解速率与 CNP 化学计量的线性关系

未火烧样地内凋落物残体 N、P、C/N 和 C/P 与分解速率 k 线性拟合效果较好（$p<0.05$）（图 4-3D、F、H、J），火干扰后拟合效果略微变差（$p<0.05$）（图 4-3C、E、G、I）。C 含量、N/P 与分解速率 k 之间无显著线性关系（$p>0.05$）（图 4-3A、B、K、L）。N 含量、P 含量随着分解速率 k 的增大而降低。C/N 和 C/P 随着分解速率 k 的增加而增加。

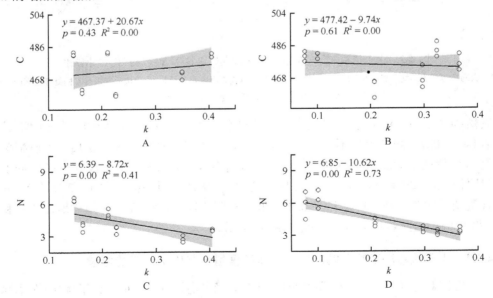

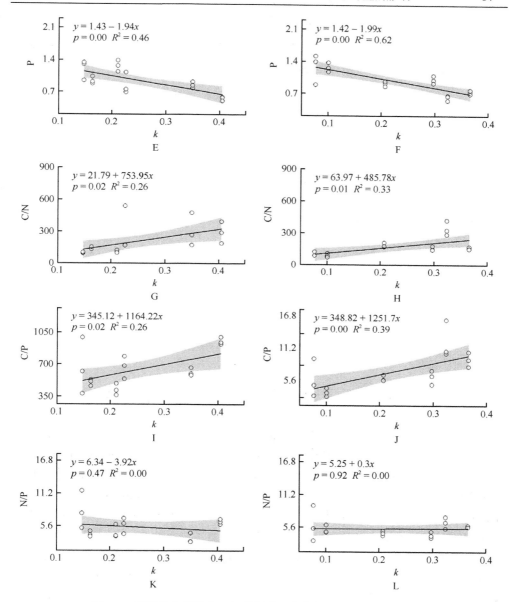

图 4-3　凋落物分解速率 k 与碳氮磷及其化学计量比的线性关系

图 A、C、E、G、I、K 为火烧样地；图 B、D、F、H、J、L 为对照样地。

4.3.4　凋落物分解速率与凋落物碳氮磷含量及其化学计量的关系

通过凋落物 C、N、P 及其化学计量的冗余分析解释分解速率 k 的变化结果如下：对照样地中，RDA1、RDA2 分别解释了 71.33% 和 27.82%。火烧样地中，RDA1、

RDA2 分别解释了 62.84%和 36.38%。C/N 和 C/P 变化与 k 呈正相关，N 含量、P 含量变化与 k 呈负相关。C/N 和 C/P 对 k 的解释度最高，火干扰后增强了 C/N 对 k 的解释度，减弱了 C/P 对 k 的解释度（图 4-4）。

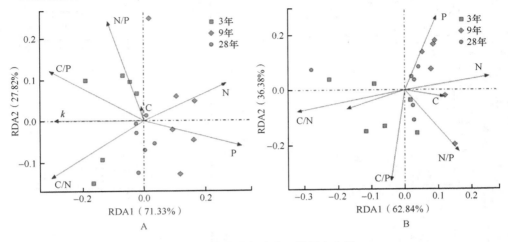

图 4-4　凋落物分解速率 k 的冗余分析

图 A 为对照样地；图 B 为火烧样地。

4.4　火干扰对凋落物分解速率的影响

本试验表明火干扰后 9 年下层凋落物分解速率显著增加 1.1 倍，火干扰后 28 年上层凋落物分解速率显著减小约 45%，与本文火干扰后凋落物分解速率不断加快的假设不符。这可能是火干扰短期内由于光降解的增强和火干扰后黑炭物质的增加凋落物分解速率增加导致的（Kumar et al.，2007；Cornelissen et al.，2017；Throop et al.，2017）。随着火干扰后时间的增长，真菌生物量减少、分解 C 的微生物和几丁质分解酶减少、节肢动物减少以及灌木盖度增加，导致凋落物分解速率增幅不断变小直至出现分解速率减慢（Springett，1979；孔健健和杨健，2014；Long et al.，2016）。卜涛等（2013）通过研究表明，火干扰对凋落物分解速率的影响表现为先抑制后促进，他认为火干扰后凋落物分解速率变化主要受微生物因素影响，微生物群落结构和数量被火干扰破坏并在之后不断恢复，因此出现了抑制和促进作用的拐点，这与本研究中火干扰后 3 年到 9 年内，下层凋落物分解速率由降低 4%到增加 109%的结果一致。但本研究还表明，上下层凋落物分解速率的变化对火干扰的响应不同，这说明火干扰后凋落物的微环境对分解起到极其重要的作用（Chen et al.，2018）。良好的微环境会减缓火干扰对分解者的胁迫（如温湿度、侵蚀、压实作用等），更有利于分解和有机物矿化（Vild et al.，2015）。火干扰初期，上层凋落物与未火烧样地相比，接受光照和雨水的概率更大，物理碎化和淋溶作用更强烈，所以分解速率加快(Davies et al.，2013；Toberman et al.，2014；García-Palacios et al.，2016；Throop et al.，2017)。下层凋落物下垫面紧贴土壤，火干扰杀死或降低了表层土壤中参与分解的微生物、真菌和酶活性，使得原本有机物分解的优势弱化，导致下层凋落物分解速率降低(Springett，1979；Holden et al.，2013；Ludwig et al.，2018)。火干扰一段时间后，灌木和喜阳树种盖度增加，上层凋落物由于物理碎化和淋溶过程受到影响而分解速率降低(Urgenson et al.，2017)。参与分解的微生物、酶和真菌随着火干扰时间的增长不断恢复，同时火干扰后新的入侵物种也可能在改善火干扰后土壤理化性质和微生物种群种类及数量上起到积极作用，使得下层凋落物有机物分解过程增强，从而促进了分解(Bogorodskaya et al.，2011)。而长期来看，火干扰随着灌草的萌发导致凋落物自身性质改变、凋落物增多造成难分解物质堆积和分解压力增大，从而造成了分解的减慢(Jurskis et al.，2011；Certini，2005；Ludwig et al.，2018)。近年来很多研究表明：在复杂的微环境综合作用中，胞外酶是影响凋落物分解的重要指标(Gartner et al.，2012；Holden et al.，2013；Knelman et al.，2017)。火干扰后胞外酶活性的减少很好地解释了火干扰后凋落物分解速率的降低(Gartner et al.，2012；Holden et al.，2013)。还有一些研究发现火干扰后凋落物中树枝比例的增加，且高的火干扰频率会导致分解速率的降低(Wardle et al.，2003；Dearden et al.，2006；Hernández and Hobbie，2008；Kay et al.，2008)。火干扰后总的凋落物分解速率下降增加了难分解成分如树枝的比例，这对于森林生态系统或许是有益的。本研究证明了长时间尺度下火干扰对凋落物分解起抑制作用，那就意味着易发生火灾的生态系统群落可能存在微生物分解驱动 C 循环向火驱动 C 循环转变的趋势，并且产生类似于正向演替的效应(Musetta-Lambert et al.，2017)。

4.5　火干扰对凋落物碳氮磷化学计量的影响

本试验结果表明，火干扰后 3 年下层凋落物 C 归还显著增加(1.3%，$p<0.05$)，C/N 显著增加 87.7%($p<0.05$)；火干扰后 9 年下层凋落物 N 归还显著增加(19.6%，$p<0.05$)；火干扰后 28 年上层凋落物 C 归还显著增加(1.5%，$p<0.05$)。总体表现为凋落物 C、N 归还加快，证实了重度火干扰后随着时间的推移将加速森林凋落物养分归还的假说。火干扰解耦 N、P 循环，分解者通过调节 N 矿化速率和 C、P 周转时间来控制自身 C/N 不受火干扰影响，导致凋落物养分元素不成比例归还，并且短时间内转变为 N 限制生态系统(Toberman et al.，2014；Auclerc et al.，2019)。有研究表明，火干扰后北方森林生态系统凋落物 N、P 含量随火烧年限的增加而增加，在火干扰后 4 年和 14 年较低，在火干扰后 40 年恢复到未火烧水平，凋落

物 C/N 和 C/P 随火烧年限增加而下降，N/P 则呈上升趋势。本试验结果与其结果不一致，可能是由于火干扰后凋落物分解的微环境不同导致的。下层凋落物接触土壤的质量和数量直接影响土壤微生物的组成和功能，同时由于上层凋落物的覆盖，增加了下层凋落物丛枝菌根真菌、革兰氏阳性菌和革兰氏阴性菌的相对丰度（Wu et al.，2012；Gui et al.，2017；Throop et al.，2017）。在分解过程中，真菌更倾向于同化相对简单的底物，而革兰氏阳性菌则对复杂的底物表现出偏好性，这意味着火干扰后下垫面贴紧土壤的凋落物在整个元素矿化和归还过程中更具有优势（Hicks et al.，2019）。同时，由于火干扰后土壤的有效 N、P 含量下降，使得微生物对凋落物产生更强烈的 N、P 需求，进一步导致火干扰后下层凋落物 N 归还加快（Vild et al.，2015）。随着火干扰后时间的增长，火烧样地内一年生植物和喜阳物种（包括入侵种）增加，导致微生物的丰度，以及细菌、碎屑动物和微生物的生物量增加，加速了养分循环（Mayor et al.，2016）。火干扰后上层凋落物和下层凋落物在 N 归还速率上反应不一致，可能是微生物在选择上的偏好性和微环境因子限制了上层 N 的释放。此外，本研究表明火干扰年限与凋落物上下层的交互作用和凋落物 C/P、N/P 之间呈显著相关（表 4-2），与先前研究中凋落物 N/P 受火烧年限影响，随着火干扰时间的增长不断恢复到对照水平的结果一致（杨新芳等，2016）。还有部分学者认为火干扰会加速上层凋落物 P 的释放，并且火干扰对凋落物 P 的影响大于 N，尤其在干湿交替的贫 P 土壤中（Grigal and Mccoll，1977；Brödlin et al.，2019）。但也有研究表明火干扰会减弱凋落物 N、P 养分回归土壤速率，这种变化可能受火烧频率影响（Wang et al.，2014b）。综上，火干扰普遍加速了凋落物的养分释放。

4.6　火干扰后凋落物化学计量与分解速率之间的关系

凋落物自身的分解与养分变化同时发生，因此它们的关系是解开森林生态系统养分循环过程的关键（Smith et al.，2019）。本试验结果表明，凋落物残体 N 含量、P 含量、C/N 和 C/P 与分解速率 k 线性拟合效果较好，火干扰后拟合效果略微变差（表 4-1），N 含量、P 含量变化与 k 呈负相关，证实了重度火干扰后凋落物 N、P 元素的变化是限制中国北方森林生态系统凋落物分解的主要养分元素的假设。目前的研究普遍认为凋落物 N、P 含量是调控凋落物分解的关键因子，由于微生物自身对 N 的需求，导致高 N 的叶凋落物分解得更快，而较低的凋落物 N 含量会抑制凋落物分解（Toberman et al.，2014；Vild et al.，2015；Xiao et al.，2019）。火干扰增强了北方森林生态系统 N、P 限制，使得这种需求更加迫切（Toberman et al.，2014；Butler et al.，2019）。为了进一步证明 N 在其中所起的作用，研究者进行了控制性 N 素添加实验，结果表明可溶性 N 的添加可以加快木质素含量较低的凋落物的分解(Hernández et al.，2019；Jabiol et al.，2019)。Taylor 和 Midgley(2018)指出，凋落物 N 的改变可能与土壤 N 流失有关，火干扰通过对土壤有效性 N 的改变而影响土壤 C、N、P 比例，再通过土壤对微生物的影响而作用于凋落物元素和分解速率。有学者认为微生物 N、P 含量存在类似"Alfred 比率"，当 N/P>16 时受 P 限制，当 N/P<14 时受 N 限制，当 N/P 在 14~16 之间时受 N、P 共同限制(Gharajehdaghipour et al.，2016)。N 限制时细菌丰度较高，而 P 限制更适合真菌的生存(Güsewell and Mark，2009)，通过这种限制关系而影响凋落物分解。但这种元素限制要考虑外部水环境的调控作用(Talhelm and Smith，2018)，火干扰导致更深层的土壤水分渗透(Musetta-Lambert et al.，2017)，这种渗透作用会导致凋落物和土壤中可溶性成分的向下传递，进而对微生物和酶等产生影响，再反作用于凋落物分解。对此 Schaller 等(2017)提出了新的理论，他认为 Si/Ca 在豆科植物存在的系统中对凋落物 N、P 和分解速率起到更关键的作用。此外，C/N 和 C/P 与凋落物分解速率密切相关(Jan et al.，2011；Bengtsson et al.，2012)。本研究结果表明，火干扰后增强了 C/N 对 k 的解释度，减弱了 C/P 对 k 的解释度(图 4-4)。火干扰后土壤条件和无脊椎动物对分解的影响增强，可能与火干扰加快了高分解速率下 C/N 的增加、减弱了 C/P 的增加有关(Brennan et al.，2009；Ficken and Justin，2017)。Chacón 和 Dezzeo(2007)认为凋落物 P 和 C/N 可以用于预测凋落物质量剩余或损失，本试验证明了 N 含量、P 含量和 C/N 与分解速率线性相关，分解速率的变化不影响 N 和 P 的归还比例，反映了分解过程中微生物以稳定的元素比的方式归还(Zhou et al.，2019)。但也有学者认为凋落物质量的损失主要由 C 的损失驱动(Butler et al.，2019)，凋落物质量的损失和 C 含量损失具有相同的模式(Hilli et al.，2010)。火干扰后凋落物可溶性 C 与微生物活性线性相关，从而影响凋落物分解速率(Stirling et al.，2019)。

　　本研究结果表明，火作为一种重要的生态因子，在火干扰后长期森林养分循环过程中的作用不应该被忽视。未来需要进一步探究火干扰后凋落物分解速率随时间变化的拐点，同时要以植物-凋落物-土壤垂直生态系统为切入点来揭示火干扰后森林生态系统碳氮磷养分元素的迁移规律，从而更清晰地认识火干扰在凋落物养分元素化学计量变化中所起到的作用，这将对进一步揭示中国北方森林生态系统火干扰后养分元素的恢复机制具有重要的科学意义。

4.7　结论性评述

　　森林凋落物的分解直接影响整个森林生态系统的物质转化和能量流动，而火干扰后森林原生境被改变，因此火干扰下凋落物分解研究变得尤为重要。本试验利用网袋法在大兴安岭 3 年、9 年、28 年的火烧样地中监测当年凋落物 1 年内分解速率及其碳氮磷动态变化，揭示火干扰下凋落物分解规律，探究火干扰对中国北方森林生态系统兴安落叶松针叶凋落物分解及其碳氮磷化学计量特征的长期影响。研究结果总结如下。

(1)火干扰后3年、9年上层凋落物质量剩余年均值分别比对照样地低4.36%和4.13%，火干扰后28年比对照样地高5.93%。火干扰后3年、9年下层凋落物质量剩余年均值分别比对照样地低1.33%和5.81%，火干扰后28年比对照样地高0.03%。火干扰后3年和9年上层和下层凋落物均表现出剩余质量小于未火烧样地，而火干扰后28年时则表现出相反趋势，差异均不显著。

(2)上层凋落物：火干扰后3年至9年期间，分解速率k增加25%~91%，火干扰后9年至28年期间，分解速率k由增加91%到降低45%。下层凋落物：火干扰后3年至9年期间，分解速率k由降低4%到增加109%，火干扰后9年与火干扰后28年，与对照相比分解速率k分别增加了109%和9%($p>0.05$)

(3)火干扰后3年，下层凋落物年均C含量比对照样地降低1.3%($p<0.05$)，下层凋落物年均C/N含量比对照样地高87.7%($p<0.05$)；火干扰后9年，下层凋落物年均N含量比对照样地低19.6%($p<0.05$)；火干扰后28年，上层凋落物年均C含量比对照样地降低1.5%($p<0.05$)。

(4)N、P含量随着分解速率k的增大而降低。C/N和C/P随着分解速率k的增加而增加。通过针叶碳氮磷及其比例的冗余分析解释分解速率k的变化结果表明：对照样地中，RDA1、RDA2分别解释了71.33%和27.82%。火烧样地中，RDA1、RDA2分别解释了62.84%和36.38%。C/N和C/P变化与分解速率k呈正相关，N、P含量变化与k呈负相关。C/N和C/P对凋落物分解速率k的解释度最高，火干扰增强了C/N对凋落物分解速率k的解释度，减弱了C/P对凋落物分解速率k的解释度。

火干扰短期内(9年内)促进了凋落物分解，加速了森林凋落物C、N养分释放。高强度森林火灾改变了中国北方森林生态系统养分元素的输入和输出机制，从长期来看，火干扰对中国北方森林生态系统凋落物分解呈现出抑制作用。本研究首次量化了中国高纬度地区火干扰后北方针叶林生态系统凋落物分解和养分循环长期变化之间的关系，为系统开展中国北方针叶林生态系统恢复及森林经营管理提供了重要科学依据。

第5章　火干扰对土壤微生物生物量氮固持
与转化的影响

　　土壤微生物是指土壤中除活的植物体外体积小于 5000 μm³ 的生物体总量,主要种类包括细菌、真菌、放线菌、藻类等,是土壤中最活跃的物质,具有代谢能力强、转化速率快的特点,土壤微生物在土壤的发育形成、物质的能量和循环以及肥力演变过程中均起到重要的作用(李香真和曲秋皓,2002;Wardle et al.,2004;Kaschuk et al.,2010;刘纯等,2014)。土壤微生物氮作为土壤中潜在的有效氮源,是土壤微生物和氮素矿化与固持作用的综合反映,其含量高低能够在一定程度上指示森林氮素转化能力的强弱(Shen et al.,1984;周建斌等,2001;Anderson and Domsch,2006)。土壤微生物生物量氮具有转化速率快、灵敏度高、容易被调动的特点。由于土壤微生物氮的有机氮活性组分的比例较高,土壤微生物氮的矿化率高于土壤氮的平均矿化率,因而土壤微生物氮是植物可利用的有效氮源之一(王淑平等,2003)。因此,土壤微生物氮的固持与转化已经成为土壤学研究的热点(Zhou and Wang,2015;Xu et al.,2016;Zhao et al.,2017)。

　　土壤微生物对氮的吸收和转化是调节森林生态系统氮平衡的重要过程(Johnson,1992;胡嵩等,2013)。森林生态系统中土壤微生物氮的周转速率是非生物氮的 5 倍,土壤微生物氮库的细微变化都将对森林系统的平衡产生至关重要的影响(Marumoto et al.,1982;Adams and Attiwill,1986)。目前研究发现,土壤生物量受多种生态因子的综合影响,土壤微生物环境的细微变化都会使土壤微生物量产生巨大波动。森林火灾作为森林生态系统的重要干扰因子,可以通过森林火灾燃烧过程释放大量的热量,从而改变本地区大气、植被、地表凋落物和土壤之间的平衡,以及本地区的水热分配状况,进而对微生物活性造成不同程度的影响(Neary et al.,1999;孙龙等,2011)。目前,国内外已经就火干扰对土壤微生物的影响开展了广泛的研究,这些研究往往集中于不同火烧强度、不同温度、火干扰后微生物量的动态变化以及火干扰后微生物生物量的理化性质等(张敏和胡海清,2002;孔健健和杨健,2013;任乐等,2014)。这些研究往往集中于火干扰后短期的土壤微生物变化(王海淇等,2011;白爱芹等,2012;许鹏波等,2013;胡海清等,2015),然而研究表明火干扰对火干扰后土壤环境的影响是长期的,这种影响甚至可以在火干扰后持续数十年(Kraemer and Hermann.,1979)。国内目前还缺乏对于火干扰后不同恢复阶段土壤微生物氮的变化以及火干扰后土壤微生物氮与土壤有效氮库的关系的系统深入研究,这些都为火干扰后微生物氮库的变化带来了许多不确定性。随着全球气温的不断升高,厄尔尼诺现象加剧导致的森林火灾数量增加,进一步了解火干扰后微生物氮库的变化已经成为研究区域氮循环的关键。

本研究选择中国大兴安岭地区典型树种(兴安落叶松林)土壤为研究对象,对该区域不同恢复阶段的不同层次土壤理化性质、土壤微生物生物量氮(MBN)和土壤微生物生物量碳(MBC)量进行测定,拟解决如下问题:①火干扰后不同年限土壤理化性质的变化规律;②火干扰后不同年限土壤 MBN 的变化规律;③火干扰后不同年限土壤 MBN 的影响因素;④火干扰后不同年限土壤 MBN 与土壤氮的有效性关系。

5.1　数据统计分析

在本章数据分析过程中使用 SPSS 19.0 统计软件进行数理统计分析。对上层和下层 MBN、MBC,以及火烧样地和对照样地 MBN 和 MBC 是否存在显著性差异均采用配对 t 检验法进行检验。对火干扰后不同年限样地土壤 MBN 与 MBC 的关系进行一元线性回归方程拟合。对火干扰后不同年限样地中 MBN 和 MBC 月份间的差异采用单因素方差分析,并利用 LSD 检验方法进行多重比较。利用皮尔逊相关系数分析 MBN 与土壤含水率(SWC)、pH、有效磷(AP)、速效钾(AK)和微生物生物量碳氮比($M_{C/N}$)之间的关系。

5.2　火干扰对土壤微生物生物量氮固持与转化影响结果分析

5.2.1　火干扰对土壤性质与养分元素时空动态的影响

1. 火干扰对土壤含水率的影响

火干扰后 3 年火烧样地中,上层和下层 SWC 在各月份之间均存在显著的动态变化($p<0.05$),而在火干扰后 3 年对照样地上层和下层土壤含水率各月份之间均不存在显著的动态变化($p>0.05$)(图 5-1A、B)。火烧样地上层 SWC、对照样地上层 SWC、火烧样地下层 SWC、对照样地下层 SWC 平均值分别为(98.59±36.00)%、(37.08±6.76)%、(48.91±21.53)%、(22.55±5.23)%。火烧样地内上层和下层 SWC 均显著高于对应对照样地内上层和下层 SWC($p<0.05$)。火烧样地和对照样地上层 SWC 均显著高于对应火烧样地和对照样地下层 SWC($p<0.05$)。

火干扰后 9 年火烧样地和对照样地上层 SWC 在各月份之间均存在显著的动态变化（$p<0.05$），而火烧样地和对照样地下层 SWC 各月份之间均不存在显著的动态变化（$p>0.05$）（图 5-1 C、D）。火烧样地上层 SWC、对照样地上层 SWC、火烧样地下层 SWC、对照样地下层 SWC 平均值分别为（43.51±11.47）%、（47.15±12.66）%、（28.56±3.87）%、（28.45±4.43）%。火烧样地上层和下层 SWC 与对应对照样地上层和下层 SWC 均不存在显著差异（$p>0.05$）。火烧样地和对照样地上层 SWC 均显著高于对应下层 SWC（$p<0.05$）。

火干扰后 28 年对照样地上层和下层 SWC 在各月份之间均存在显著的动态变化（$p<0.05$），而火烧样地中上层和下层 SWC 各月份之间均不存在显著的动态变化（$p>0.05$）（图 5-1 E、F）。火烧样地上层 SWC、对照样地上层 SWC、火烧样地下层 SWC、对照样地下层 SWC 平均值分别为（68.08±23.64）%、（114.55±55.47）%、（47.91±16.15）%、（49.34±24.65）%。火烧样地上层 SWC 显著低于对照样地上层 SWC（$p<0.05$），而火烧样地下层 SWC 与对照样地下层 SWC 不存在显著差异（$p>0.05$）。火烧样地和对照样地上层 SWC 均显著高于对应下层 SWC（$p<0.05$）。

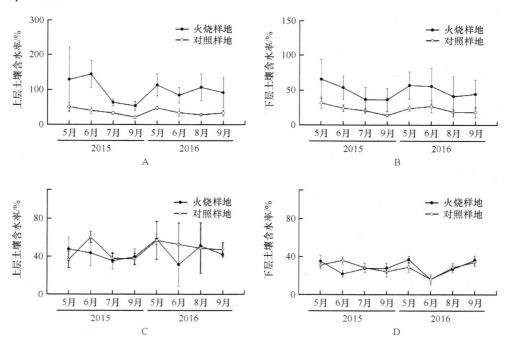

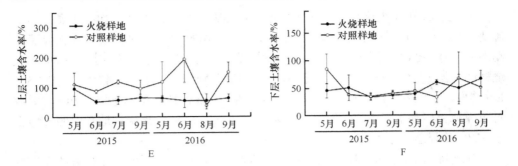

图 5-1　火干扰后不同年限土壤含水率(SWC)动态变化

A、C、E 分别代表火干扰后 3 年、9 年、28 年上层(0~10 cm)土壤。B、D、F 分别代表火干扰后 3 年、
9 年、28 年下层(10~20 cm)土壤。图片中数值表示为平均值±标准误差。

2. 火干扰对土壤 pH 的影响

火干扰后 3 年火烧样地中，上层土壤 pH 在各月份之间存在显著的动态变化($p<0.05$)，下层土壤 pH 各月份之间不存在显著的动态变化($p>0.05$)。而在对照样地中，上层土壤 pH 在各月份之间不存在显著的动态变化($p>0.05$)，下层土壤 pH 在各月份之间均存在显著的动态变化($p<0.05$)(图 5-2 A、B)。火烧样地上层土壤 pH、对照样地上层土壤 pH、火烧样地下层土壤 pH、对照样地下层土壤 pH 平均值分别为 3.78±0.10、4.05±0.14、3.63±0.07、3.98±0.11。火烧样地上层和下层土壤 pH 均显著小于对应对照样地上层和下层土壤 pH($p<0.05$)。火烧样地土壤上层 pH 均显著高于下层土壤($p<0.05$)，而对照样地土壤上层和下层 pH 则不存在显著差异($p>0.05$)。

火干扰后 9 年火烧样地中，上层土壤 pH 在各月份之间存在显著的动态变化($p<0.05$)，下层土壤 pH 各月份之间则不存在显著的动态变化($p>0.05$)。而在对照样地，上层土壤 pH 在各月份之间不存在显著的动态变化($p>0.05$)，下层土壤 pH 在各月份之间存在显著的动态变化($p<0.05$)(图 5-2 C、D)。火烧样地上层土壤 pH、对照样地上层土壤 pH、火烧样地下层土壤 pH、对照样地下层土壤 pH 平均值分别为 4.55±0.22、4.71±0.29、4.22±0.19、4.47±0.16。火烧样地上层土壤 pH 与对照样地不存在显著差异($p>0.05$)，而火烧样地下层土壤 pH 均显著低于对照样地($p<0.05$)。火烧样地和对照样地上层土壤 pH 均显著高于对应下层土壤 pH($p<0.05$)。

火干扰后 28 年火烧样地上层土壤 pH 在各月份之间不存在显著的动态变化($p>0.05$)，而对照样地土壤上层 pH 在各月份之间存在显著的动态变化($p<0.05$)。火烧样地和对照样地下层土壤 pH 在各月份之间均不存在显著的动态变化($p>0.05$)(图 5-2 E、F)。火烧样地上层土壤 pH、对照样地上层土壤 pH、火烧样地下层土壤 pH、对照样地下层土壤 pH 平均值分别为 3.95 ± 0.28、4.32 ± 0.24、3.87 ± 0.27、4.18 ± 0.22。与对照样地相比，火烧样地上层土壤 pH 显著降低($p<0.05$)，而下层土壤 pH 则不存在显著差异($p>0.05$)。火烧样地和对照样地上层土壤 pH 均显著高于对应下层土壤 pH($p<0.05$)。

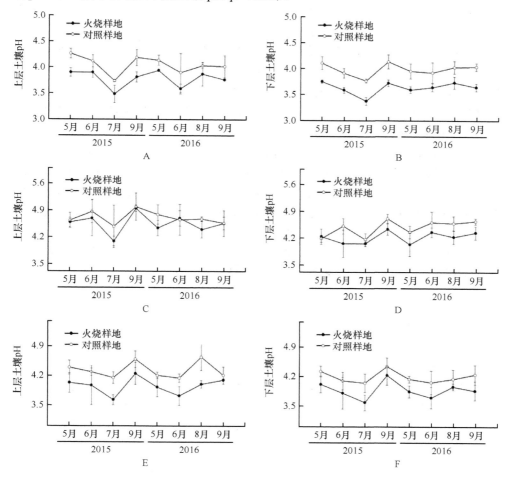

图 5-2　火干扰后不同年限土壤 pH 动态变化

A、C、E 分别代表火干扰后 3 年、9 年、28 年上层(0~10 cm)土壤。B、D、F 分别代表火干扰后 3 年、9 年、28 年下层(10~20 cm)土壤。图片中数值表示为平均值±标准误差。

3. 火干扰对土壤有效磷的影响

火干扰后 3 年火烧样地和对照样地中，上层与下层土壤有效磷(AP)在各月份之间均存在显著的动态变化($p<0.05$)(图 5-3 A、B)。火烧样地上层土壤 AP、对照样地上层土壤 AP、火烧样地下层土壤 AP、对照样地下层土壤 AP 平均值分别

为 $(34.46\pm10.53)\,\mathrm{mg\cdot kg^{-1}}$、$(47.35\pm8.57)\,\mathrm{mg\cdot kg^{-1}}$、$(26.10\pm6.52)\,\mathrm{mg\cdot kg^{-1}}$、$(41.94\pm7.83)\,\mathrm{mg\cdot kg^{-1}}$。火烧样地上层和下层土壤 AP 均显著低于对应对照样地上层和下层土壤 AP($p<0.05$)。火烧样地和对照样地上层土壤 AP 与其对应的下层土壤 AP 不存在显著差异($p>0.05$)。

火干扰后 9 年火烧样地和对照样地,上层和下层 AP 在各月份之间均存在显著的动态变化($p<0.05$)(图 5-3 C、D)。火烧样地上层土壤 AP、对照样地上层土壤 AP、火烧样地下层土壤 AP、对照样地下层土壤 AP 平均值分别为 $(36.11\pm6.34)\,\mathrm{mg\cdot kg^{-1}}$、$(44.12\pm8.94)\,\mathrm{mg\cdot kg^{-1}}$、$(26.12\pm5.88)\,\mathrm{mg\cdot kg^{-1}}$、$(36.82\pm10.93)\,\mathrm{mg\cdot kg^{-1}}$。火烧样地内上层和下层土壤 AP 均与对应对照样地上层和下层土壤 AP 不存在显著差异($p>0.05$)。火烧样地和对照样地上层土壤 AP 与其对应下层土壤 AP 不存在显著差异($p>0.05$)。

火干扰后 28 年兴安落叶松火烧样地和对照样地上层和下层 AP 在各月份之间均存在显著的动态变化($p<0.05$)(图 5-3 E、F)。火烧样地上层土壤 AP、对照样地上层土壤 AP、火烧样地下层土壤 AP、对照样地下层土壤 AP 平均值分别为 $(27.38\pm17.09)\,\mathrm{mg\cdot kg^{-1}}$、$(26.23\pm18.64)\,\mathrm{mg\cdot kg^{-1}}$、$(20.71\pm10.43)\,\mathrm{mg\cdot kg^{-1}}$、$(22.22\pm14.53)\,\mathrm{mg\cdot kg^{-1}}$。火烧样地上层和下层土壤 AP 与其对应对照样地上层和下层土壤 AP 不存在显著差异($p>0.05$)。火烧样地和对照样地上层土壤 AP 与其对应下层土壤 AP 不存在显著差异($p>0.05$)。

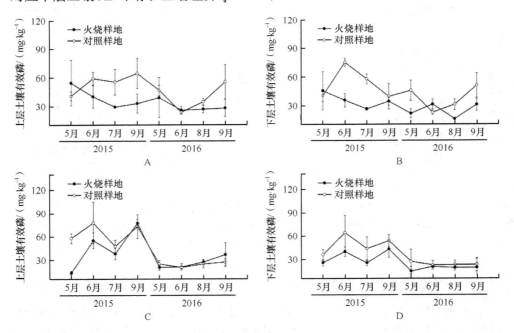

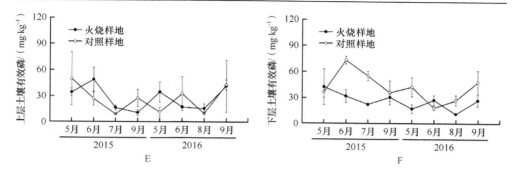

图 5-3　火干扰后不同年限土壤有效磷(AP)值动态变化

A、C、E 分别代表火干扰后 3 年、9 年、28 年上层(0~10 cm)土壤。B、D、F 分别代表火干扰后 3 年、
9 年、28 年下层(10~20 cm)土壤。图片中数值表示为平均值±标准误差。

4. 火干扰对土壤速效钾的影响

火干扰后 3 年火烧样地上层土壤速效钾(AK)在各月份之间存在显著的动态变化($p<0.05$),而在对照样地上层土壤 AK 在各月份之间不存在显著的动态变化($p>0.05$)(图 5-4 A)。火烧样地和对照样地下层土壤 AK 在各月份之间均不存在显著的动态变($p>0.05$)(图 5-4 B)。火烧样地上层土壤 AK、对照样地上层土壤 AK、火烧样地下层土壤 AK、对照样地下层土壤 AK 平均值分别为(483.40±146.22)mg·kg^{-1}、(379.99±106.78)mg·kg^{-1}、(283.87±126.43)mg·kg^{-1}、(278.98±138.68)mg·kg^{-1}。火烧样地上层和下层土壤 AK 平均值高于对应对照样地土壤上层和下层土壤 AK,但是差异并不显著($p>0.05$)。火烧样地上层土壤 AK 显著高于下层土壤 AK($p<0.05$),而对照样地上层土壤 AK 和下层土壤 AK 则不存在显著差异($p>0.05$)。

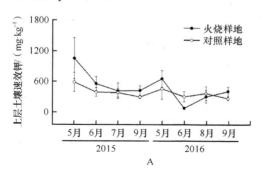

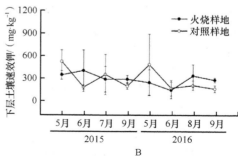

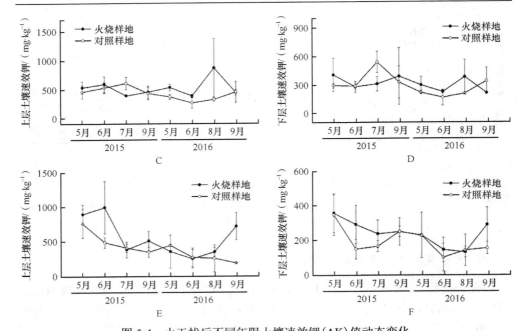

图 5-4　火干扰后不同年限土壤速效钾(AK)值动态变化

A、C、E 分别代表火干扰后 3 年、9 年、28 年上层(0~10 cm)土壤。B、D、F 分别代表火干扰后 3 年、
9 年、28 年下层(10~20 cm)土壤。图片中数值表示为平均值±标准误差。

　　火干扰后 9 年火烧样地上层和下层土壤 AK 在各月份之间均不存在显著的动态变化($p>0.05$),而对照样地上层和下层土壤 AK 在各月份之间均存在显著的动态变化($p<0.05$)(图 5-4 C、D)。火烧样地上层土壤 AK、对照样地上层土壤 AK、火烧样地下层土壤 AK、对照样地下层土壤 AK 平均值分别为(525.71±123.61)mg·kg^{-1}、(429.00±96.36)mg·kg^{-1}、(312.80±112.23)mg·kg^{-1}、(297.19±73.80)mg·kg^{-1}。火烧样地上层土壤 AK 平均值显著高于对照样地上层土壤 AK 平均值($p<0.05$),而火烧样地下层土壤 AK 平均值则与对照样地下层土壤 AK 平均值不存在显著差异($p>0.05$)。火烧样地和对照样地上层和下层土壤 AK 平均值均要显著高于对应下层土壤 AK 平均值($p<0.05$)。

　　火干扰后 28 年火烧样地上层土壤 AK 在各月份之间均存在显著的动态变化($p>0.05$),而火烧样地下层土壤 AK 在各月份之间均不存在显著的动态变化($p>0.05$)。对照样地上层和下层土壤 AK 在各月份之间均存在显著的动态变化($p<0.05$)(图 5-4 E、F)。火烧样地上层土壤 AK、对照样地上层土壤 AK、火烧样地下层土壤 AK、对照样地下层土壤 AK 平均值分别为(560.79±314.97)mg·kg^{-1}、(390.73±196.90)mg·kg^{-1}、(239.34±105.97)mg·kg^{-1}、(190.19±92.51)mg·kg^{-1}。火烧样地上层土壤 AK 平均值显著高于对照样地上层土壤 AK 平均值($p<0.05$),而火烧样地下层土壤 AK 平均值则与对照样地下层土壤 AK 平

值不存在显著差异（$p > 0.05$）。火烧样地和对照样地上层和下层土壤 AK 平均值均显著高于对应下层土壤 AK 平均值（$p < 0.05$）。

5.2.2　火干扰对森林土壤微生物生物量氮时空动态的影响

火干扰后 3 年火烧样地和对照样地中，上层及下层土壤微生物生物量氮（MBN）在各个月份之间存在显著动态变化（$p < 0.05$）。火烧样地和对照样地上层土壤 MBN 平均值分别为（49.39 ± 12.47）mg·kg^{-1}、（50.33 ± 15.29）mg·kg^{-1}。火烧样地与对照样地上层土壤 MBN 不存在显著差异（$p > 0.05$）。火烧样地和对照样地土壤下层 MBN 平均值分别为（48.79 ± 16.25）mg·kg^{-1}、（33.15 ± 8.01）mg·kg^{-1}，火烧样地下层土壤 MBN 平均值显著高于对照样地土壤下层 MBN（$p < 0.05$）。火烧样地上层土壤 MBN 和下层土壤 MBN 之间不存在显著差异（$p > 0.05$），而对照样地上层土壤 MBN 显著高于下层土壤 MBN（$p < 0.05$）（图 5-5 A、B）。

火干扰后 9 年火烧样地和对照样地中，上层和下层土壤 MBN 在各个月份之间存在显著的差异（$p < 0.05$）。火烧样地和对照样地上层土壤 MBN 平均值分别为（61.17 ± 9.86）mg·kg^{-1}、（83.27 ± 13.20）mg·kg^{-1}，与对照样地相比，火烧样地上层土壤 MBN 显著降低（$p < 0.05$）。火烧样地和对照样地下层土壤 MBN 平均值分别为（61.88 ± 11.59）mg·kg^{-1}、（76.58 ± 24.44）mg·kg^{-1}。与对照样地相比，火烧样地下层土壤 MBN 也呈下降趋势，但是差异并不显著（$p > 0.05$），其中在 2015 年 6 月和 2017 年 8 月，对照样地下层土壤 MBN 显著高于火烧样地（$p < 0.05$）。火烧样地和对照样地上层土壤 MBN 和对应下层土壤 MBN 之间不存在显著差异（$p > 0.05$）（图 5-5 C、D）。

火干扰后 28 年火烧样地和对照样地上层和下层土壤 MBN 在各个月份之间存在显著差异（$p < 0.05$）。火烧样地上层土壤 MBN、对照样地上层土壤 MBN、火烧样地下层土壤 MBN、对照样地下层土壤 MBN 平均值分别为（81.63 ± 20.96）mg·kg^{-1}、（78.61 ± 19.87）mg·kg^{-1}、（78.47 ± 17.79）mg·kg^{-1}、（72.90 ± 27.22）mg·kg^{-1}。火烧样地上层和下层土壤 MBN 与对应对照样地上层和下层土壤 MBN 不存在显著差异（$p > 0.05$）。火烧样地和对照样地上层土壤 MBN 与对应火烧样地和对照样地下层土壤 MBN 不存在显著差异（$p > 0.05$）（图 5-5 E、F）。

火干扰后上层土壤 MBN 在火干扰后 3 年没有显著变化，火干扰后 3 年到 9 年间上层土壤 MBN 呈显著下降趋势，火干扰后 28 年上层土壤 MBN 基本恢复到火干扰前水平。下层土壤 MBN 在火干扰后 3 年呈显著上升趋势，火干扰后 9 年到火干扰后 28 年下层土壤 MBN 基本恢复到火干扰前的水平。进一步分析发现，与对照样地相比，除火干扰后 3 年火烧样地上层土壤 MBN 占土壤总氮的比例呈下降趋势外，火烧样地上层土壤 MBN 占土壤总氮的比例在火干扰后 9 年到 28 年均呈升高趋势。与对照样地相比，火干扰后 3 年、9 年、28 年火烧样地下层土壤

MBN 占土壤总氮的比例均存在不同程度的增加（表 5-1）。

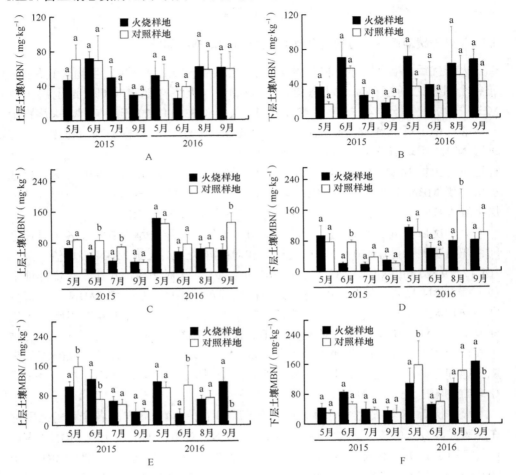

图 5-5　火干扰后不同年限土壤微生物生物量氮（MBN）动态变化

A、C、E 分别代表火干扰后 3 年、9 年、28 年上层(0～10 cm)土壤。B、D、F 分别代表火干扰后 3 年、
9 年、28 年下层(10～20 cm)土壤。图片中数值表示为平均值±标准误差。

表 5-1　火干扰后不同年限土壤微生物生物量氮占土壤总氮的百分比

火干扰后年限	样地类型	上层	下层
3	火烧样地	0.65%	0.74%
	对照样地	0.70%	0.54%
9	火烧样地	2.18%	4.83%
	对照样地	1.24%	2.05%
28	火烧样地	1.43%	1.99%
	对照样地	0.81%	1.01%

5.2.3　火干扰后森林土壤微生物生物量氮与土壤无机氮和矿化速率的关系

一元回归分析回归决定系数（R^2）表明，上层和下层土壤 MBN 与对应土壤无机氮在火干扰后 3 年、9 年、28 年均不存在显著相关性（$p>0.05$）。

在本研究中，火干扰后 3 年、9 年、28 年对照样地上层土壤 MBN 均与上层土壤 R_{min} 具有显著相关性，回归决定系数 R^2 范围为 0.15～0.29（图 5-6 B、D、F）。而火干扰后 3 年火烧样地上层土壤 MBN 与上层土壤 R_{min} 不具有显著相关性（图 5-6 A），火干扰后 9 年和 28 年火烧样地上层土壤 MBN 与上层土壤 R_{min} 均具有显著相关性，并且回归决定系数 R^2 均高于相应对照样地，其变化范围为 0.48～0.51（图 5-6 C、E）。

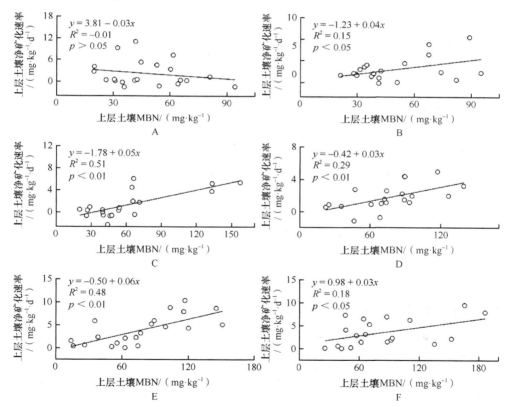

图 5-6　土壤微生物生物量氮（MBN）与上层土壤净矿化速率（R_{min}）之间的关系

A、C、E 分别为火干扰后 3 年、9 年、28 年火烧样地，B、D、F 分别为火干扰后 3 年、9 年、28 年对照样地。

除火干扰后 9 年火烧样地和对照样地下层土壤 MBN 与对应下层土壤 R_{min} 具有显著的相关性以外（图 5-7 C、D），其他样地中对应下层土壤 MBN 与下层土壤

$R_{\min}$ 均不具有显著相关性(图 5-7 A、B、E、F)。

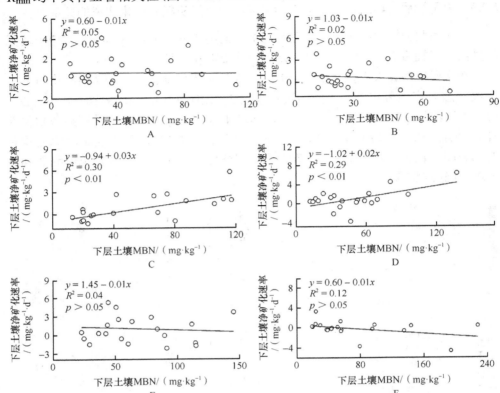

图 5-7　土壤微生物生物量氮(MBN)与下层土壤净矿化速率($R_{\min}$)之间的关系
A、C、E 分别为火干扰后 3 年、9 年、28 年火烧样地,B、D、F 分别为火干扰后 3 年、9 年、28 年对照样地。

5.2.4　火干扰后森林土壤微生物生物量氮与微生物生物量碳的关系

如图 5-8 所示,上层和下层土壤 MBC 与上层和下层土壤 MBN 整体变化格局基本特征相似,但是在个别月份变化趋势存在差异。

火干扰后 3 年火烧样地上层土壤 MBC、对照样地上层土壤 MBC、火烧样地下层土壤 MBC、对照样地下层土壤 MBC 平均值分别为$(443.57 \pm 158.76)\,\mathrm{mg \cdot kg^{-1}}$、$(362.31 \pm 111.84)\,\mathrm{mg \cdot kg^{-1}}$、$(405.76 \pm 121.69)\,\mathrm{mg \cdot kg^{-1}}$、$(250.95 \pm 90.53)\,\mathrm{mg \cdot kg^{-1}}$。与对照样地相比,上层和下层土壤 MBC 呈增加趋势,其中下层土壤 MBC 显著升高($p < 0.05$)。

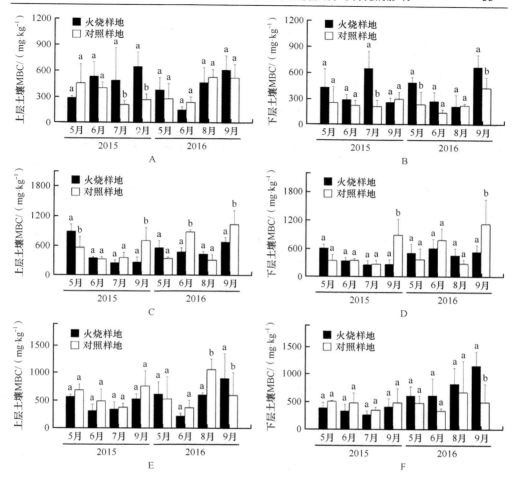

图 5-8　火干扰后不同年限土壤微生物碳(MBC)动态变化

A、C、E 分别代表火干扰后 3 年、9 年、28 年上层(0～10 cm)土壤。B、D、F 分别代表火干扰后 3 年、9 年、28 年下层(10～20 cm)土壤。图片中数值表示为平均值±标准误差。

　　火干扰后 9 年火烧样地上层土壤 MBC、对照样地上层土壤 MBC、火烧样地下层土壤 MBC、对照样地下层土壤 MBC 平均值分别为(488.52±91.40) mg·kg^{-1}、(568.50±137.58) mg·kg^{-1}、(448.97±130.04) mg·kg^{-1}、(555.33±208.44) mg·kg^{-1}。与对照样地相比，火烧样地上层和下层土壤 MBC 均呈下降趋势，但对照样地上层和下层土壤 MBC 与对应火烧样地土壤上层和下层土壤 MBC 均不存在显著差异($p > 0.05$)。

　　火干扰后 28 年火烧样地上层土壤 MBC、对照样地上层土壤 MBC、火烧样地下层土壤 MBC、对照样地下层土壤 MBC 平均值分别为(503.80±264.89) mg·kg^{-1}、(602.78±305.25) mg·kg^{-1}、(566.83±330.66) mg·kg^{-1}、(471.28±240.70) mg·kg^{-1}。

与对照样地相比，火烧样地上层土壤 MBC 降低，而火烧样地下层 MBC 升高。但对照样地上层和下层土壤 MBC 与对应火烧样地上层土壤和下层土壤 MBC 不存在显著差异($p > 0.05$)。

　　土壤 MBC 和 MBN 在各个月份动态变化的差异直接导致火干扰后不同恢复时期土壤 $M_{C/N}$ 的差异。从表 5-2 中可以看出，在火干扰后不同年限火烧样地和对照样地上层及下层土壤 $M_{C/N}$ 波动较大，火干扰后不同年限火烧样地上层土壤 $M_{C/N}$、对照样地上层土壤 $M_{C/N}$、火烧样地下层土壤 $M_{C/N}$、对照样地下层土壤 $M_{C/N}$ 平均值范围分别为 8.07～9.67、7.51～10.75、7.60～9.15、4.18～10.96。通过比较发现，与对照样地相比，不同年限火烧样地上层和下层土壤 $M_{C/N}$ 平均值变化幅度更小，更加稳定。

表 5-2　火干扰后不同年限样地上层($0 \sim 10$ cm)和下层($10 \sim 20$ cm)土壤微生物量 C/N($M_{C/N}$)

土壤深度	样地类型	C/N 范围	平均 C/N
$0 \sim 10$ cm	3 年火烧样地	6.10～22.42	9.67
	3 年对照样地	5.84～10.22	10.75
	9 年火烧样地	3.91～14.16	8.80
	9 年对照样地	2.74～15.33	7.51
	28 年火烧样地	2.59～20.93	8.07
	28 年对照样地	3.40～20.61	10.16
$0 \sim 20$ cm	3 年火烧样地	4.29～25.31	7.60
	3 年对照样地	3.84～14.15	4.18
	9 年火烧样地	4.53～16.41	9.15
	9 年对照样地	1.87～36.83	10.96
	28 年火烧样地	3.90～14.16	8.44
	28 年对照样地	3.22～18.25	10.73

　　火干扰后不同年限上层土壤 MBN 均与上层土壤 MBC 具有显著正相关关系，其回归决定系数 R^2 介于 0.196～0.231。在土壤下层中，火干扰后 3 年火烧样地土壤 MBN 与土壤 MBC 不具有显著相关性($p > 0.05$)，火干扰后 9 年和 28 年土壤 MBN 和土壤 MBC 具有极显著相关性($p < 0.01$)，回归决定系数 R^2 介于 0.46～0.559 之间(表 5-3)。

5.2.5　火干扰后森林土壤微生物生物量氮的影响因素

　　在火干扰后不同年限影响土壤 MBN 的影响因素不同(表 5-4)。在上层($0 \sim 10$ cm)土壤中，火干扰后 3 年火烧样地内影响土壤 MBN 的主要因素是土壤 pH，在火干扰后 9 年火烧样地中影响土壤 MBN 的主要因素是土壤含水率和土壤有效磷，在火干扰后 28 年火烧样地中影响土壤 MBN 的主要因素是土壤有效磷和土壤速效钾。在下层(10~20 cm)土壤中,火干扰后 3 年火烧样地内影响土壤 MBN 与这些影响因素均不具有显著相关性,火干扰后 9 年火烧样地中土壤含水率和土壤有效磷是主要的影响因素,而在火干扰后 28 年火烧样地中土壤含水率是主要的影响因素。

表 5-3　火干扰后不同年限样地土壤微生物生物量氮(MBN)与微生物生物量碳(MBC)的关系

土壤深度	样地类型	回归模型	R^2	F 值	p 值
0~10 cm	3 年火烧样地	MBN=32.181+0.017×MBC	0.196	5.35	0.03
	3 年对照样地	MBN=23.835+0.073×MBC	0.315	19.114	0.004
	9 年火烧样地	MBN=27.177+0.074×MBC	0.196	4.883	0.039
	9 年对照样地	MBN=69.804+0.028×MBC	0.067	1.429	0.246
	28 年火烧样地	MBN=44.387+0.074×MBC	0.231	6.601	0.017
	28 年对照样地	MBN=85.56−0.013×MBC	0.008	0.171	0.684
10~20 cm	3 年火烧样地	MBN=38.171+0.026×MBC	0.041	0.94	0.343
	3 年对照样地	MBN=26.767+0.025×MBC	0.031	0.695	0.413
	9 年火烧样地	MBN=1.454+0.133×MBC	0.46	17.923	<0.001
	9 年对照样地	MBN=76.527−0.001×MBC	0	0.001	0.98
	28 年火烧样地	MBN=17.123+0.108×MBC	0.559	27.838	<0.001
	28 年对照样地	MBN=17.123+0.108×MBC	0.009	0.207	0.654

表 5-4　火干扰后不同年限样地土壤微生物生物量氮(MBN)和其影响因素的皮尔逊相关系数(r)

土壤深度/cm	样地类型	含水率/%	pH	有效磷/(mg · kg⁻¹)	速效钾/(mg · kg⁻¹)	$M_{C/N}$
0~10	3 年火烧样地	0.129	0.478*	−0.06	0.207	−0.302
	3 年对照样地	0.275	0.15	−0.001	0.225	−0.335
	9 年火烧样地	0.549**	−0.211	−0.548**	0.175	−0.495*
	9 年对照样地	0.346	−0.151	−0.398	0.024	−0.393
	28 年火烧样地	0.244	0.307	0.776**	0.63**	−0.581**
	28 年对照样地	0.033	−0.057	0.455*	0.595**	−0.626**
10~20	3 年火烧样地	−0.071	0.078	−0.236	−0.137	−0.61**
	3 年对照样地	−0.093	−0.036	0.416*	−0.303	−0.576**
	9 年火烧样地	0.503*	−0.048	−0.63**	−0.047	−0.761**
	9 年对照样地	0.351	0.063	−0.284	−0.191	−0.565**
	28 年火烧样地	0.478*	−0.016	−0.213	−0.092	−0.425*
	28 年对照样地	0.066	−0.026	−0.324	−0.141	−0.579**

*代表在显著性在 p=0.05 水平,**代表显著性在 p=0.01 水平。

5.3　林火与土壤微生物生物量氮固持与转化

关于火干扰对土壤 MBN 的影响目前还没有一致的研究结果。周道玮等(1999)对草原生态系统研究发现，在火干扰后较短时间内，土壤微生物数量呈现出下降趋势，但是在火干扰后第二年，草原生态系统土壤微生物量开始增加并超过火干扰前的水平。孔健健和杨建(2013)对大兴安岭北部地区森林生态系统发现，火干扰后 1 年，土壤微生物量显著降低。Prieto-Fernández 等(1998)研究发现表层土壤MBC 和 MBN 在重度火干扰后呈显著下降趋势，并且这种影响会在火干扰后持续大约 4 年。但也有研究表明不同强度的火干扰对土壤微生物量的变化没有显著影响(Hamman et al.，2007)。这些研究的差异可能来自不同研究地区土壤酸碱性的差异，以及由火干扰对森林生态系统环境改变所导致的。目前研究发现适宜的土壤酸碱性能够加速土壤凋落物的分解速率，促进土壤微生物的活动(胡海清等，2015；胡海清，2005；孙毓鑫等，2009)。火干扰后养分元素变化所导致的植被群落结构的变化也可能是导致火干扰后微生物生物量变化的原因(Hart et al.，2005；张坤等，2017)。

本研究结果表明，上层土壤 MBN 在火干扰后 3 年没有显著变化，从火干扰后 3 年到 9 年间，上层土壤 MBN 呈显著下降趋势，最后到火干扰后 28 年上层土壤 MBN 基本恢复到火干扰前水平。火干扰后下层土壤 MBN 在火干扰后 3 年呈显著上升趋势，从火干扰后 9 年开始到火干扰后 28 年下层土壤 MBN 基本恢复到火干扰前的水平。本研究结果可能是由于火干扰后微生物 MBC 的变化所导致的，火干扰后不同年限上层土壤 MBN 均与上层土壤 MBC 具有显著正相关关系；在土壤下层中，火干扰后 9 年和 28 年土壤 MBN 与土壤 MBC 具有极显著相关性。以往研究表明，中度和重度火干扰有利于土壤有机碳的增加，有机碳的增加会导致有机物和颗粒物附着于土壤表面从而导致 MBC 的增加(王海淇等，2011)，但随着有机碳的不断消耗，从火干扰后 9 年开始 MBC 呈下降趋势，这有可能导致土壤 MBN 含量开始降低。以往研究发现森林土壤中微生物群落结构和功能的差异主要与土壤有机碳的数量和质量有关，土壤中碳、氮元素含量会直接影响土壤微生物的活性，从而限制土壤微生物量的大小(Jenkinson，1976)。土壤微生物生物量 C/N 能够很好地反映土壤微生物的群落结构，一般情况下，细菌的 C/N 在 5 左右，放线菌在 6 左右，真菌在 10 左右。本研究结果表明，不同年限火干扰后 0～20 cm 土壤微生物生物量 C/N 在 7～10 之间变化，这说明火干扰后土壤微生物群落主要以真菌和放线菌为主(Choromanska and DeLuca，2002)。导致土壤微生物结构变化的原因可能是由于土壤有机酸性变化导致的，以往研究发现酸性条件下有利于真菌的生长(Bremer and Kessel，1990；Blagodatskaya and Anderson，1998)。

本研究发现在本地区兴安落叶松林火干扰后不同年限，土壤 pH 平均值均存在不同程度的降低，这可能是由于森林火灾对林冠层产生了破坏，导致土壤表面太阳辐射增加，加速了地表腐殖质的分解速率，产生的矿质元素离子与土壤胶体表面吸附的氢离子发生交换后进入土壤溶液中，从而使土壤 pH 降低 (Prieto-Fernández et al.，1998；Neary et al.，1999；欧阳学军等，2003)。

在本研究中，土壤上层和下层 MBN 与土壤无机氮在火干扰后 3 年、9 年、28 年均不存在显著相关性，这种结果可能是因为土壤无机氮的微生物固持不同于土壤铵的矿化固定，以及铵态氮、硝态氮被高等植物同化使土壤中原有的铵态氮和硝态氮被微生物转化为有机氮的过程 (仇少君等，2006)。以往研究发现土壤微生物氮与土壤可矿化氮有着十分紧密的联系，但是这种联系并不等同于数量上的等量关系 (Ross et al.，1995；Fisk and Schmidt，1995)。尽管土壤微生物氮可以作为土壤中的有效氮源，但是只有等土壤微生物死亡后转化为无机氮或者简单的有机氮形式才能够被植物吸收利用，因此土壤微生物氮对于植物的有效性是通过微生物氮的大量死亡向土壤中释放大量的无机氮来实现的 (Zechmeister-Boltenstern et al.，2002)。除火干扰后 3 年火烧样地外，上层土壤 MBN 与土壤 R_{min} 均具有显著相关性，而下层土壤 MBN 与土壤 R_{min} 则不存在如此显著的相关关系。除火干扰后 3 年火烧样地中上层土壤 MBN 占土壤总氮的比例呈下降趋势外，火烧样地上层土壤 MBN 占土壤总氮的比例在火干扰后 9 年到 28 年均呈升高趋势 (表 5-1)。本研究结果可能是因为火干扰后土壤无机碳含量通常会增加，这为土壤微生物活动提供了底物 (Ocio et al.，1991；Stevenson and Cole，1999；Choromanska and DeLuca，2002)，但在火干扰后 3 年以后，这种无机碳的增加作用已经消失，导致土壤微生物生物量氮在总氮中的比例降低。随着火干扰后林冠层的暴露，通过辐射作用，增加了土壤地表温度，加速了地表凋落物的分解，为微生物活动提供了能量，激发了微生物活性 (Saura-Mas et al.，2012；Holden et al.，2013)，到火干扰后 9 年以后，土壤微生物氮在土壤总氮中的比重不断增加。有研究根据不同时间内土壤微生物生物量氮含量变化，推算东北棕壤中土壤微生物氮的周转速率约为 0.25～0.52 年 (韩晓日等，1996)。土壤微生物不停地进行新陈代谢，其含量也在不断地变化，土壤微生物氮的比例虽然较低，但其具有较快的周转速率，因此在可矿化氮中所起的作用并不能够被忽略 (Friedel and Gabel，2001)。火干扰对土壤微生物氮库的影响是长期的，火干扰后土壤微生物氮占总氮的比例增加，将成为植物可利用无机氮库的潜在氮源 (Nardoto and da Cunha，2003)。

以往研究发现，土壤温度、土壤含水率、土壤 pH 是影响土壤 MBN 的主要环境因子 (Van Gestel et al.，1992；Zaman et al.，1999；周智彬和李培军，2003；胡海清等，2015)。但本研究发现火干扰后不同恢复阶段土壤 MBN 的影响因素不同，在火干扰后 3 年显著影响上层土壤 MBN 的主要因素是土壤 pH，这可能是由于火干扰后土壤酸碱性的变化迅速改变了土壤中微生物的结构以及比例，使得土壤 pH 成为主要调控因素。在火干扰后 9 年显著影响上层土壤 MBN 的主要因素是土壤含水率，这可能是由于土壤生境的恢复，以及微生物对土壤环境的适应作用，pH 不再成为主要的限制因素，适宜的土壤含水率有利于土壤微生物的活动(陈珊和张常钟，1995)，在这个阶段成为限制微生物活性的主要影响因素。随着时间的推移，到火干扰后 28 年土壤有效磷和土壤速效钾成为限制土壤 MBN 的主要因素，这可能是因为随着林地生境的恢复，当土壤水分充沛时，土壤水分不再成为限制微生物活动的主要因素，微生物速效养分和底物供应在更长的时间尺度条件下成为调控土壤 MBN 活动的限制因素。这一研究结果表明，火干扰后不同的恢复阶段限制土壤 MBN 的因素存在很大差异。

5.4　结论性评述

　　土壤微生物生物量氮是生态系统中氮素分解、固持、转化的重要参与者，在调节森林生态系统氮循环过程中起着重要作用。本章初步总结出火干扰后不同恢复阶段土壤微生物生物量氮的变化规律、火干扰对土壤微生物生物量氮固持的影响，以及限制火干扰后不同恢复阶段的主要调控因素。本研究结果对于揭示火干扰后不同恢复阶段土壤微生物生物量氮在兴安落叶松林系统氮循环过程所起的作用具有重要的意义。具体研究结果如下。

　　(1)火干扰后上层土壤 MBN 在火干扰后 3 年后没有显著变化，从火干扰后 3 年到 9 年间上层土壤 MBN 呈显著下降趋势，到火干扰后 28 年上层土壤 MBN 基本恢复到火干扰前水平。火干扰后下层土壤 MBN 在火干扰后 3 年呈显著上升趋势，从火干扰后 9 年开始到火干扰后 28 年下层土壤 MBN 基本恢复到火干扰前的水平。

　　(2)火干扰后 3 年火烧样地上层土壤 MBN 占土壤总氮的比例下降，与对照样地相比，上层土壤 MBN 占土壤总氮的比例在火干扰后 9 年到 28 年均呈升高趋势。火干扰后 3 年、9 年、28 年上层土壤 MBN 占土壤总氮的比例分别为 0.65%、2.18%、1.43%。与对照样地相比，火干扰后 3 年、9 年、28 年火烧样地下层土壤 MBN 占土壤总氮的比例均存在不同程度的增加，火干扰后 3 年、9 年、28 年下层土壤 MBN 占土壤总氮的比例分别为 0.74%、4.83%、1.99%。

　　(3)土壤上层和下层 MBN 与土壤无机氮在火干扰后 3 年、9 年、28 年均不存在显著相关性。上层土壤中，火干扰后 3 年火烧样地上层土壤 MBN 与上层土壤 R_{min} 不具有显著相关性，火干扰后 9 年和 28 年火烧样地上层土壤 MBN 与上层土壤 R_{min} 均具有显著相关性，并且回归决定系数均高于相应对照样地，其变化范围为 0.48~0.51。

　　(4)火干扰后不同年限火烧样地上层土壤 $M_{C/N}$、对照样地上层土壤 $M_{C/N}$、火烧样地土壤下层土壤 $M_{C/N}$、对照样地土壤下层土壤 $M_{C/N}$ 平均值范围分别为 8.07～9.67、7.51～10.75、7.60～9.15、4.18～10.96。与对照样地相比，不同年限火烧样地中上层和下层土壤 $M_{C/N}$ 平均值变化幅度更小，更加稳定。

(5)火干扰后不同的恢复时期影响土壤 MBN 的影响因素不同，火干扰后 3 年火烧样地中影响上层(0～10 cm)土壤 MBN 的主要因素是土壤 pH，火干扰后 9 年火烧样地中影响上层(0～10 cm)土壤 MBN 的主要因素是土壤含水率和土壤有效磷，在火干扰后 28 年火烧样地中影响上层(0～10 cm)土壤 MBN 的主要因素是土壤有效磷和土壤速效钾。

第6章　火干扰对森林土壤氮矿化的影响

森林中植物可以利用的铵的数量取决于有机氮的矿化过程，矿化过程将不能够被植物利用的有机氮形式转化为能被植物利用的无机氮形式。土壤矿化过程受土壤温度、土壤水分、土壤微生物的固持，以及植物与土壤微生物的竞争的影响，并且不同森林生态系统中土壤氮矿化速率的差异很大（Wan et al.，2001）。土壤氮的矿化速率受到许多干扰因素影响，其中在高纬度北方针叶林生态系统中森林火灾是重要的干扰因素之一（Kasischke and Turetsky，2006）。高频率和高强度的森林火灾能够通过改变林内小环境和森林中的养分循环过程严重地影响土壤氮循环和土壤氮储量（Bowman et al.，2009；Dannenmann et al.，2011；Elliott et al.，2013）。目前研究发现森林火灾的持续时间、火强度和火干扰后森林内部小气候条件的变化能够显著地影响火干扰后氮循环过程，并且这种影响会在火干扰后持续数年之久（Wang et al.，2014a）。以往关于火干扰对土壤氮矿化速率的影响多集中于对火干扰后短期、低强度火灾和非针叶林森林生态系统中（草地、灌丛、阔叶混交林等生态系统）（Ojima et al.，1994；Wan et al.，2001；Zhang et al.，2008b；Zhou et al.，2009）。以往研究结果表明，因为火干扰后土壤内的灰分物质增加和对无机氮吸收植物的减少，会导致土壤中的无机氮含量迅速增加。低强度火烧能够改变土壤微生物的底物供应，这会导致土壤中的无机氮含量和土壤矿化速率在火干扰后 3 年内增加（Dunn et al.，1979；Prieto-Fernández et al.，1993；Wan et al.，2001；Rau et al.，2007）。但是目前研究对于火干扰后土壤矿化速率的长期变化情况还存在许多不确定性（Ojima et al.，1994）。因此需要对高纬度地区北方针叶林生态系统中火干扰后土壤氮库和土壤矿化速率的长期变化开展系统深入的研究。

研究火干扰对大兴安岭地区兴安落叶松林土壤氮循环的影响将有助于了解中国北方针叶林生态系统在全球气候变化背景下所起到的作用。因此，需要进一步了解火干扰后不同恢复时期土壤氮矿化速率的变化。

6.1　数据统计分析

在本章数据分析过程中，使用 SPSS 19.0 统计软件进行数理统计分析。利用双因素方差分析法（two-way analysis of variance）来探究火干扰（F）、土壤深度（D）以及两者交互作用对土壤铵态氮、硝态氮、无机氮、净铵化速率、净硝化速率和净矿化速率的影响。采用配对 t 检验法检验火干扰后不同年限火烧样地和对照样地上层与下层土壤各个土壤性质指标是否存在显著性差异。采用单因素方差分析法来研究火烧样地和对照样地中土壤性质指标的差异性,并利用 LSD 检验方法进行多重比较。利用皮尔逊相关系数分析土壤净矿化速率与环境因子和土壤性质之间的关系。

6.2 火干扰对土壤氮矿化影响结果分析

6.2.1 火干扰后土壤 NH_4^+-N 的时空动态

在火干扰后 3 年、9 年、28 年火烧样地和对照样地上层及下层土壤,铵态氮均表现出相似的年际变化规律,在 2015~2016 年均表现出单峰曲线的变化规律,从生长季初期开始呈现出升高趋势,达到峰值后开始呈现下降趋势,在生长季末期表现出较低水平(图 6-1)。

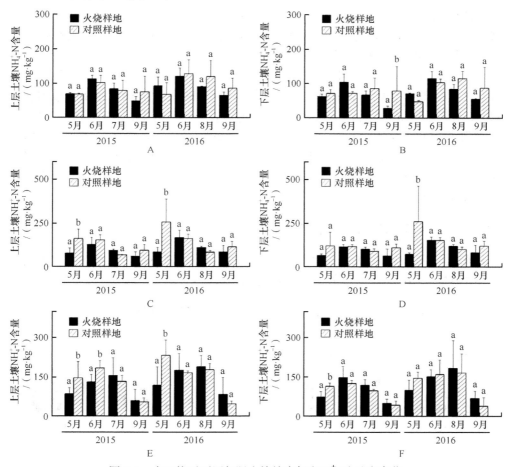

图 6-1 火干扰后不同年限土壤铵态氮(NH_4^+-N)动态变化

A、C、E 分别代表火干扰后 3 年、9 年、28 年上层(0~10 cm)土壤。B、D、F 分别代表火干扰后
3 年、9 年、28 年下层(10~20 cm)土壤。图片中数值表示为平均值±标准误差。

火干扰后 3 年，火烧样地上层土壤铵态氮、对照样地上层土壤铵态氮、火烧样地下层土壤铵态氮、对照样地下层土壤铵态氮分别为 (86.63 ± 12.86) mg·kg^{-1}、(91.95 ± 30.46) mg·kg^{-1}、(75.09 ± 10.87) mg·kg^{-1}、(84.32 ± 26.26) mg·kg^{-1}。与对照样地相比，火烧样地上层土壤和下层土壤铵态氮分别下降约 6% 和 11%，但这种下降趋势并不显著 ($p>0.05$)。火烧样地上层土壤和对照样地上层土壤铵态氮分别比对应下层土壤铵态氮高 13% 和 8%，火烧样地和对照样地上层土壤铵态氮与对应下层土壤铵态氮并不存在显著差异 ($p>0.05$)。

火干扰后 9 年，火烧样地上层土壤铵态氮、对照样地上层土壤铵态氮、火烧样地下层土壤铵态氮、对照样地下层土壤铵态氮分别为 (103.36 ± 26.47) mg·kg^{-1}、(138.76 ± 39.31) mg·kg^{-1}、(99.36 ± 19.18) mg·kg^{-1}、(136.39 ± 47.74) mg·kg^{-1}。与对照样地相比，火烧样地上层土壤和下层土壤铵态氮分别下降约 26% 和 27%，其中土壤上层铵态氮显著下降 ($p<0.05$)。火烧样地和对照样地上层土壤铵态氮与对应下层土壤铵态氮并不存在显著差异 ($p>0.05$)。

火干扰后 28 年，火烧样地上层土壤铵态氮、对照样地上层土壤铵态氮、火烧样地下层土壤铵态氮、对照样地下层土壤铵态氮分别为 (124.36 ± 50.28) mg·kg^{-1}、(142.58 ± 28.65) mg·kg^{-1}、(112.03 ± 37) mg·kg^{-1}、(111.22 ± 29.19) mg·kg^{-1}。火烧样地上层和下层土壤铵态氮与对应对照样地土壤铵态氮不存在显著差异 ($p>0.05$)。与火烧样地和对照样地上层土壤铵态氮相比，火烧样地和对照样地下层土壤铵态氮分别降低约 11% 和 22%，其中对照样地上层和下层土壤铵态氮存在显著差异 ($p<0.05$)。

6.2.2　火干扰后土壤 NO$_3^-$-N 的时空动态

在火干扰后 3 年、9 年、28 年火烧样地和对照样地中，上层和下层土壤硝态氮在 2015～2016 年无相似的年季动态变化规律 (图 6-2)。

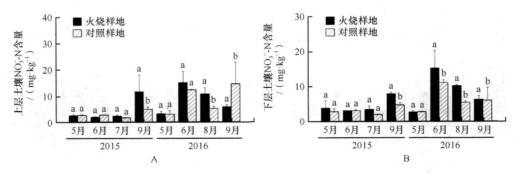

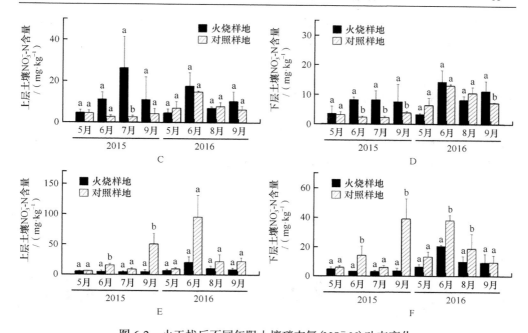

图 6-2　火干扰后不同年限土壤硝态氮(NO₃⁻-N)动态变化

A、C、E 分别代表火干扰后 3 年、9 年、28 年上层(0~10 cm)土壤。B、D、F 分别代表火干扰后
3 年、9 年、28 年下层(10~20 cm)土壤。图片中数值表示为平均值±标准误差。

　　火干扰后 3 年，火烧样地上层土壤硝态氮、对照样地上层土壤硝态氮、火烧样地下层土壤硝态氮、对照样地下层土壤硝态氮分别为 $(6.51\pm2.00)\,\text{mg}\cdot\text{kg}^{-1}$、$(5.75\pm1.54)\,\text{mg}\cdot\text{kg}^{-1}$、$(6.46\pm1.33)\,\text{mg}\cdot\text{kg}^{-1}$、$(4.62\pm0.88)\,\text{mg}\cdot\text{kg}^{-1}$。与对照样地相比，火烧样地上层土壤和下层土壤硝态氮分别升高约 12% 和 28%，其中下层土壤硝态氮显著升高($p<0.05$)。火烧样地与对应对照样地中上层和下层土壤硝态氮不存在显著差异($p>0.05$)。

　　火干扰后 9 年，火烧样地上层土壤硝态氮、对照样地上层土壤硝态氮、火烧样地下层土壤硝态氮、对照样地下层土壤硝态氮分别为 $(11.39\pm5.64)\,\text{mg}\cdot\text{kg}^{-1}$、$(6.11\pm1.60)\,\text{mg}\cdot\text{kg}^{-1}$、$(7.98\pm2.66)\,\text{mg}\cdot\text{kg}^{-1}$、$(6.01\pm0.96)\,\text{mg}\cdot\text{kg}^{-1}$。与对照样地相比，火烧样地上层和下层土壤硝态氮分别升高约 46% 和 25%，其中上层土壤硝态氮显著升高($p<0.05$)。火烧样地上层土壤硝态氮显著高于下层($p<0.05$)，而对照样地上层和下层土壤硝态氮不存在显著差异($p>0.05$)。

　　火干扰后 28 年，火烧样地上层土壤硝态氮、对照样地上层土壤硝态氮、火烧样地下层土壤硝态氮、对照样地下层土壤硝态氮分别为 $(6.94\pm5.64)\,\text{mg}\cdot\text{kg}^{-1}$、$(27.67\pm10.02)\,\text{mg}\cdot\text{kg}^{-1}$、$(7.06\pm2.11)\,\text{mg}\cdot\text{kg}^{-1}$、$(17.64\pm5.63)\,\text{mg}\cdot\text{kg}^{-1}$。与对照样地相比，火烧样地上层和下层土壤硝态氮分别降低约 75% 和 60%，上层和下层

土壤硝态氮在火干扰后均显著降低($p<0.05$)。火烧样地上层和下层土壤硝态氮不存在显著差异($p>0.05$)，而对照样地上层土壤硝态氮显著高下层土壤硝态氮($p<0.05$)。

6.2.3　火干扰后土壤无机氮的时空动态

在火干扰后 3 年、9 年、28 年，火烧样地和对照样地上层及下层土壤无机氮的年季变化规律与上层和下层土壤铵态氮相似，在 2015~2016 年内均呈现出单峰曲线的变化规律。在 6~8 月达到全年的最大值，在生长季末期(9 月)出现全年的最低值(图 6-3)。

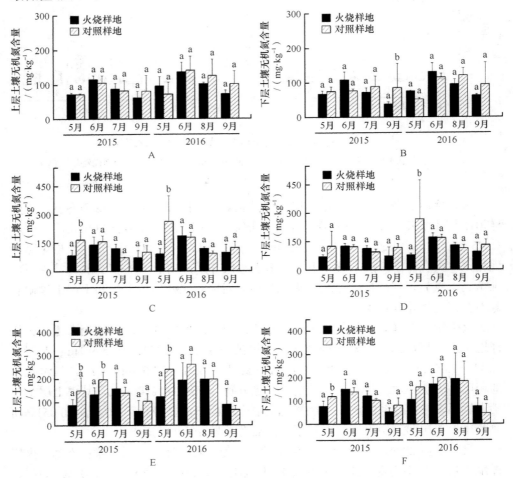

图 6-3　火干扰后不同年限土壤无机氮动态变化

A、C、E 分别代表火干扰后 3 年、9 年、28 年上层(0~10 cm)土壤。B、D、F 分别代表火干扰后
3 年、9 年、28 年下层(10~20 cm)土壤。图片中数值表示为平均值±标准误差。

火干扰后 3 年，火烧样地上层土壤无机氮、对照样地上层土壤无机氮、火烧样地下层土壤无机氮、对照样地下层土壤无机氮含量分别为 (86.63 ± 12.86) mg·kg^{-1}、(91.95 ± 30.46) mg·kg^{-1}、(75.09 ± 10.87) mg·kg^{-1}、(84.32 ± 26.26) mg·kg^{-1}。与对照样地相比，火烧样地上层和下层土壤无机氮分别降低约 6% 和 11%，但是火烧样地上层和下层土壤无机氮含量与对照样地上层和下层土壤无机氮含量不存在显著差异（$p>0.05$）。火烧样地和对照样地上层土壤无机氮含量分别比对应下层土壤无机氮含量高约 13% 和 8%，但是这种差异并不显著（$p>0.05$）。

火干扰后 9 年，火烧样地上层土壤无机氮、对照样地上层土壤无机氮、火烧样地下层土壤无机氮、对照样地下层土壤无机氮含量分别为 (114.75 ± 32.11) mg·kg^{-1}、(144.87 ± 40.91) mg·kg^{-1}、(107.34 ± 21.85) mg·kg^{-1}、(142.41 ± 48.70) mg·kg^{-1}。与对照样地相比，火烧样地上层和下层土壤无机氮分别降低约 21% 和 25%，但是火烧样地上层和下层土壤无机氮含量与对照样地对应上层和下层土壤无机氮含量不存在显著差异（$p>0.05$）。火烧样地和对照样地上层土壤无机氮含量与对应下层土壤无机氮含量不存在显著差异（$p>0.05$）。

火干扰后 28 年，火烧样地上层土壤无机氮、对照样地上层土壤无机氮、火烧样地下层土壤无机氮、对照样地下层土壤无机氮含量分别为 (131.31 ± 53.68) mg·kg^{-1}、(170.25 ± 38.67) mg·kg^{-1}、(119.09 ± 39.11) mg·kg^{-1}、(128.86 ± 34.82) mg·kg^{-1}。与对照样地相比，火烧样地上层和下层土壤无机氮分别降低约 23% 和 8%，其中上层土壤无机氮含量显著降低（$p<0.05$）。火烧样地和对照样地上层土壤无机氮含量分别比对应下层土壤无机氮含量高约 9% 和 24%，其中对照样地上层土壤无机氮含量显著高于下层土壤无机氮含量（$p<0.05$）。

如表 6-1 所示，火干扰后不同年限上层和下层土壤 NO_3^--N 占土壤总无机氮的比例的变化范围分别为 5.23%～9.91%、6.01%～8.53%。与对照样地相比，火干扰后 3 年和 9 年火烧样地土壤 NO_3^--N 占土壤总无机氮的比例升高，而在火干扰后 28 年火烧样地土壤 NO_3^--N 占土壤总无机氮的比例则下降。

表 6-1　火干扰后不同年限样地土壤 NO_3^--N 占总无机氮的比例

火干扰后年限	样地类型	上层比例/%	下层比例/%
3	火烧样地	7.26	8.53
	对照样地	5.57	5.01
9	火烧样地	9.91	7.36
	对照样地	4.46	4.31
28	火烧样地	5.23	6.01
	对照样地	18.01	15.33

双因素方差分析结果表明（表 6-2），当考虑不同恢复年限时，火干扰（F）对本

地区土壤铵态氮、硝态氮、无机氮均具有显著影响（$p<0.05$）。土壤深度（D）对本地区土壤无机氮含量具有显著影响（$p<0.05$），土壤深度对本地区土壤铵态氮和土壤硝态氮不具有显著影响（$p>0.05$）。火干扰和土壤深度的交互作用对本地区土壤铵态氮、硝态氮、无机氮均不具有显著影响（$p>0.05$）。

表 6-2　火干扰（F）、土壤深度（D）和火干扰与土壤深度交互作用（F×D）对土壤 NH_4^+-N、NO_3^--N 和无机氮的影响的双因素方差分析

影响因素	NH_4^+-N		NO_3^--N		无机氮	
	F 值	p 值	F 值	p 值	F 值	p 值
F	7.250	0.008	5.053	0.025	8.362	0.004
D	3.761	0.053	3.256	0.072	6.395	0.012
F×D	0.103	0.748	0.989	0.321	0.434	0.510

6.2.4　火干扰对森林土壤净铵化速率的影响

火干扰后 3 年、9 年、28 年火烧样地上层和下层土壤净铵化速率（R_{amm}）的年季变化在 2015 年到 2016 年总体表现为：在生长季初期（2015 年 5 月和 2016 年 5 月）土壤 R_{amm} 达到全年较高水平，随着生长季的进行开始呈现出下降趋势。对照样地上层和下层土壤 R_{amm} 的年季变化没有明显相似的变化规律。如图 6-4 所示，本研究中火干扰后 3 年、9 年、28 年火烧样地上层和下层非生长季土壤 R_{amm} 与对应的对照样地上层和下层非生长季土壤 R_{amm} 不存在显著差异（$p>0.05$）。

火干扰后 3 年，火烧样地上层土壤 R_{amm}、对照样地上层土壤 R_{amm}、火烧样地下层土壤 R_{amm}、对照样地下层土壤 R_{amm} 分别为（1.99±1.32）mg·kg^{-1}·d^{-1}、（0.77±0.99）mg·kg^{-1}·d^{-1}、（0.47±0.71）mg·kg^{-1}·d^{-1}、（0.56±0.62）mg·kg^{-1}·d^{-1}。与对照样地相比，火烧样地上层土壤 R_{amm} 增加约 158%，火烧样地下层土壤 R_{amm} 降低约 16%，其中上层土壤 R_{amm} 显著增加（$p<0.05$）。火烧样地和对照样地上层土壤 R_{amm} 均显著高于下层土壤 R_{amm}（$p<0.05$），分别高约 324% 和 27%。

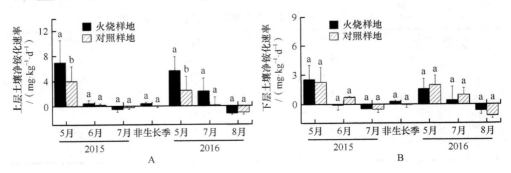

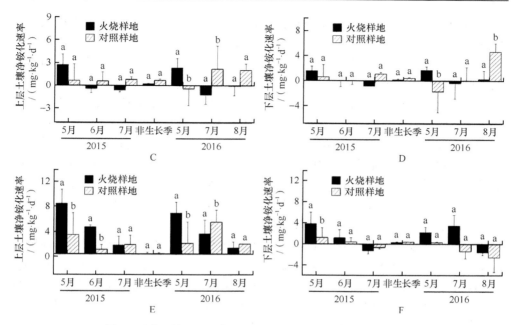

图 6-4 火干扰后不同年限土壤净铵化速率 (R_{amm}) 动态变化

A、C、E 分别代表火干扰后 3 年、9 年、28 年上层 (0~10 cm) 土壤。B、D、F 分别代表火干扰后 3 年、9 年、28 年下层 (10~20 cm) 土壤。图片中数值表示为平均值±标准误差。

火干扰后 9 年，火烧样地上层土壤 R_{amm}、对照样地上层土壤 R_{amm}、火烧样地下层土壤 R_{amm}、对照样地下层土壤 R_{amm} 分别为 $(0.39\pm0.86)\,mg\cdot kg^{-1}\cdot d^{-1}$、$(0.91\pm1.43)\,mg\cdot kg^{-1}\cdot d^{-1}$、$(0.32\pm0.94)\,mg\cdot kg^{-1}\cdot d^{-1}$、$(0.71\pm1.40)\,mg\cdot kg^{-1}\cdot d^{-1}$。与对照样地相比，火烧样地上层和下层土壤 R_{amm} 分别下降约 57% 和 55%，但是这种下降趋势并不显著 ($p>0.05$)。火烧样地和对照样地上层土壤 R_{amm} 分别比对应下层土壤 R_{amm} 高约 18% 和 22%，但是并不显著 ($p>0.05$)。

火干扰后 28 年，火烧样地上层土壤 R_{amm}、对照样地上层土壤 R_{amm}、火烧样地下层土壤 R_{amm}、对照样地下层土壤 R_{amm} 分别为 $(3.87\pm1.33)\,mg\cdot kg^{-1}\cdot d^{-1}$、$(2.34\pm1.63)\,mg\cdot kg^{-1}\cdot d^{-1}$、$(1.14\pm1.44)\,mg\cdot kg^{-1}\cdot d^{-1}$、$(-0.35\pm0.03)\,mg\cdot kg^{-1}\cdot d^{-1}$。与对照样地相比，火烧样地上层和下层土壤 R_{amm} 显著升高 ($p<0.05$)，其中火烧样地上层土壤 R_{amm} 比对照样地上层土壤 R_{amm} 高约 65%。火烧样地和对照样地上层土壤 R_{amm} 均显著高于对应下层土壤 R_{amm} ($p<0.05$)，其中火烧样地上层土壤 R_{amm} 比其对应下层土壤 R_{amm} 高约 239%。

6.2.5 火干扰对森林土壤净硝化速率的影响

火干扰后 3 年、9 年、28 年，火烧样地上层和下层土壤 R_{nit} 的年季变化在 2015

年到 2016 年总体变化趋势与土壤净铵化速率不同，在不同的恢复年份无相似的变化规律。如图 6-5 所示，可以发现在火干扰后 3 年、9 年、28 年，火烧样地上层和下层非生长季土壤 R_{nit} 与其对应的对照样地上层和下层非生长季土壤 R_{nit} 均不存在显著差异（$p>0.05$）。

　　火干扰后 3 年，火烧样地上层土壤 R_{nit}、对照样地上层土壤 R_{nit}、火烧样地下层土壤 R_{nit}、对照样地下层土壤 R_{nit} 分别为（0.22±0.20）mg·kg⁻¹·d⁻¹、（0.02±0.02）mg·kg⁻¹·d⁻¹、（0.05±0.10）mg·kg⁻¹·d⁻¹、（0.03±0.04）mg·kg⁻¹·d⁻¹。火烧样地上层土壤 R_{nit} 显著高于对照样地上层土壤 R_{nit}（$p<0.05$），火烧样地上层土壤 R_{nit} 约是对照样地上层土壤 R_{nit} 的 11 倍。火烧样地下层土壤 R_{nit} 与对照样地下层土壤 R_{nit} 不存在显著差异（$p>0.05$），而火烧样地和对照样地上层土壤 R_{nit} 与其对应下层土壤 R_{nit} 不存在显著差异（$p>0.05$）。

　　火干扰后 9 年，火烧样地上层土壤 R_{nit}、对照样地上层土壤 R_{nit}、火烧样地下层土壤 R_{nit}、对照样地下层土壤 R_{nit} 分别为（0.80±1.01）mg·kg⁻¹·d⁻¹、（0.70±0.32）mg·kg⁻¹·d⁻¹、（0.43±0.62）mg·kg⁻¹·d⁻¹、（0.28±0.22）mg·kg⁻¹·d⁻¹。与对照样地相比，火烧样地上层和下层土壤 R_{nit} 分别升高约 14% 和 54%，但是这种升高趋势并不显著（$p>0.05$）。火烧样地和对照样地上层土壤 R_{nit} 分别约是对应下层土壤的 1.86 倍和 2.5 倍，但是这种差异并不显著（$p>0.05$）。

　　火干扰后 28 年，火烧样地上层土壤 R_{nit}、对照样地土壤上层土壤 R_{nit}、火烧样地下层土壤 R_{nit}、对照样地下层土壤 R_{nit} 分别为（0±0.12）mg·kg⁻¹·d⁻¹、（1.06±0.38）mg·kg⁻¹·d⁻¹、（0.01±0.18）mg·kg⁻¹·d⁻¹、（–0.09±0.16）mg·kg⁻¹·d⁻¹。对照样地上层土壤 R_{nit} 显著高于火烧样地上层土壤 R_{nit}（$p<0.05$），而火烧样地和对照样地下层土壤 R_{nit} 之间则不存在显著差异（$p>0.05$）。对照样地上层土壤 R_{nit} 显著高于其下层土壤 R_{nit}（$p<0.05$），而火烧样地上层土壤 R_{nit} 和对照样地下层土壤 R_{nit} 之间则不存在显著差异（$p>0.05$）。

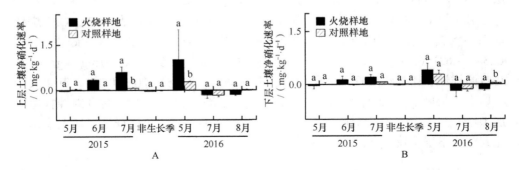

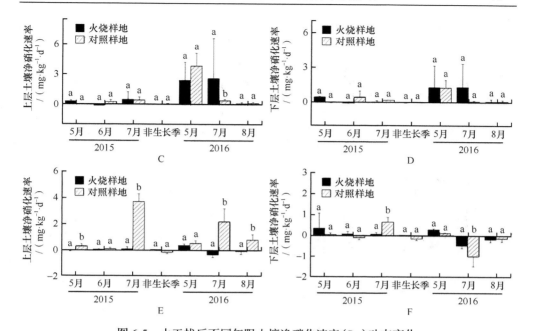

图 6-5　火干扰后不同年限土壤净硝化速率（R_{nit}）动态变化

A、C、E 分别代表火干扰后 3 年、9 年、28 年上层（0～10 cm）土壤。B、D、F 分别代表火干扰后
3 年、9 年、28 年下层（10～20 cm）土壤。图片中数值表示为平均值±标准误差。

6.2.6　火干扰对森林土壤净矿化速率的影响

火干扰后 3 年、9 年、28 年，火烧样地上层和下层土壤 R_{min} 的年季变化在 2015 年到 2016 年总体变化趋势与土壤 R_{amm} 相似，在生长季初期（2015 年 5 月和 2016 年 5 月），土壤 R_{min} 达到全年较高水平，随着生长季的进行开始呈现出下降趋势。如图 6-6 所示，在火干扰后 3 年、9 年、28 年，火烧样地上层和下层非生长季土壤 R_{min} 与对应的对照样地上层和下层非生长季土壤 R_{min} 均不存在显著差异（$p > 0.05$）。

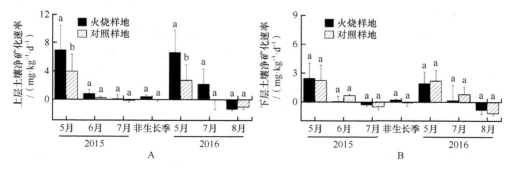

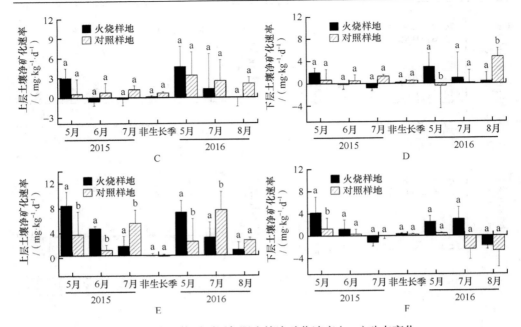

图 6-6　火干扰后不同年限土壤净矿化速率($R_{\min}$)动态变化

A、C、E 分别代表火干扰后 3 年、9 年、28 年上层(0~10 cm)土壤。B、D、F 分别代表火干扰后
3 年、9 年、28 年下层(10~20 cm)土壤。图片中数值表示为平均值±标准误差。

火干扰后 3 年，火烧样地上层土壤 $R_{\min}$、对照样地上层土壤 $R_{\min}$、火烧样地下层土壤 $R_{\min}$、对照样地下层土壤 $R_{\min}$ 分别为(2.11 ± 1.51)mg · kg^{-1} · d^{-1}、(0.80 ± 1.01)mg · kg^{-1} · d^{-1}、(0.52 ± 0.81)mg · kg^{-1} · d^{-1}、(0.59 ± 0.66)mg · kg^{-1} · d^{-1}。与对照样地相比，火干扰后上层土壤 $R_{\min}$ 显著升高($p<0.05$)，火干扰后上层土壤 $R_{\min}$ 是对照样地上层土壤 $R_{\min}$ 的 2.6 倍，而火烧样地和对照样地下层土壤 $R_{\min}$ 则不存在显著差异($p>0.05$)。火烧样地和对照样地上层土壤 $R_{\min}$ 分别是其对应下层土壤 $R_{\min}$ 的约 4 倍和 1.4 倍，其中火烧样地上层土壤 $R_{\min}$ 显著高于其下层土壤 $R_{\min}$($p<0.05$)。

火干扰后 9 年，火烧样地上层土壤 $R_{\min}$、对照样地上层土壤 $R_{\min}$、火烧样地下层土壤 $R_{\min}$、对照样地下层土壤 $R_{\min}$ 分别为(1.19 ± 1.86)mg · kg^{-1} · d^{-1}、(1.61 ± 1.75)mg · kg^{-1} · d^{-1}、(0.75 ± 1.56)mg · kg^{-1} · d^{-1}、(0.99 ± 1.62)mg · kg^{-1} · d^{-1}。与对照样地相比，火烧样地上层和下层土壤 $R_{\min}$ 分别下降了约 26%和 24%，但是这种下降趋势均不显著($p>0.05$)。火烧样地和对照样地上层土壤的 $R_{\min}$ 分别比对应下层土壤 $R_{\min}$ 高约 37%和 38%，但是这种差异均不显著($p>0.05$)。

火干扰后 28 年，火烧样地上层土壤 $R_{\min}$、对照样地上层土壤 $R_{\min}$、火烧样地下层土壤 $R_{\min}$、对照样地下层土壤 $R_{\min}$ 分别为(3.87 ± 1.44)mg · kg^{-1} · d^{-1}、($3.39\pm$

2.00)mg·kg^{-1}·d^{-1}、(1.15±0.32)mg·kg^{-1}·d^{-1}、(−0.43±1.19)mg·kg^{-1}·d^{-1}。与对照样地相比，火烧样地上层和下层土壤 R_{min} 均呈现出升高的趋势，其中上层土壤 R_{min} 在火干扰后约升高了 14%，但是这种增高趋势均不显著($p>0.05$)。火烧样地和对照样地上层土壤 R_{min} 均显著高于下层土壤 R_{min}($p<0.05$)。双因素方差分析结果表明(表 6-3)，当考虑不同恢复年限时，火干扰(F)对本地区土壤 R_{amm}、R_{nit}、R_{min} 均无显著影响($p>0.05$)。土壤深度(D)对本地区土壤 R_{amm}、R_{nit}、R_{min} 均具有显著影响($p<0.05$)，火干扰和土壤深度的交互作用对本地区土壤 R_{amm}、R_{nit}、R_{min} 均无显著影响($p>0.05$)。这说明当不考虑恢复年限时，土壤深度对 R_{amm}、R_{nit}、R_{min} 的影响要强于火干扰的影响。

表 6-3　火干扰(F)、土壤深度(D)和火干扰与土壤深度交互作用(F×D)分别对土壤净铵化速率(R_{amm})、净硝化速率(R_{nit})和净矿化速率(R_{min})的影响的双因素方差分析

影响因素	R_{amm}		R_{nit}		R_{min}	
	F 值	p 值	F 值	p 值	F 值	p 值
F	2.799	0.096	0.629	0.429	1.660	0.199
D	18.122	<0.001	0.8594	0.004	26.853	<0.001
F×D	0.845	0.359	1.951	0.164	0.097	0.755

6.2.7　火干扰后森林土壤净矿化速率的影响因子

如表 6-4 所示，在火干扰后 3 年样地中控制上层土壤 R_{min} 变化的主要影响因子是土壤 AP、AK 和 pH，在火干扰后 9 年样地中控制上层土壤 R_{min} 变化的主要影响因子是土壤 AP、SWC、MBN 和 MBC，在火干扰后 28 年样地中控制上层土壤 R_{min} 变化的主要影响因子是 SWC、AP、MBN。通过研究发现，控制火干扰后 3 年上层土壤 R_{min} 的主要影响因子是速效养分元素，从火干扰后 9 年到 28 年上层土壤 R_{min} 的变化受到土壤含水率、土壤速效养分元素和土壤微生物活动的共同影响。进一步研究发现，火干扰后 3 年和 28 年上层土壤 R_{min} 与 R_{amm} 的变化具有显著的相关性，与上层土壤 R_{nit} 不具有显著的相关性($p>0.05$)，而火干扰后 9 年样地中上层土壤 R_{min} 与 R_{amm} 和 R_{nit} 均有显著的相关性($p<0.05$)。

表 6-4　火干扰后不同年限样地上层土壤(0～10 cm)净矿化速率(R_{min})和其影响因子的皮尔逊相关系数(r)

	火干扰后 3 年		火干扰后 9 年		火干扰后 28 年	
	火烧样地	对照样地	火烧样地	对照样地	火烧样地	对照样地
SWC	0.218	0.527*	0.572**	0.574**	0.489*	0.464*
AP	0.504*	0.012	−0.448*	−0.391	0.669**	0.327
AK	0.667**	0.702**	0.074	−0.374	0.331	−0.189
pH	0.473*	0.408	−0.016	−0.192	0.116	−0.411

续表

	火干扰后 3 年		火干扰后 9 年		火干扰后 28 年	
	火烧样地	对照样地	火烧样地	对照样地	火烧样地	对照样地
MBN	−0.193	0.436*	0.731**	0.576**	0.709**	0.467*
MBC	−0.383	0.35	0.468*	0.071	0.271	−0.477*
$M_{C/N}$	−0.279	−0.17	−0.315	−0.262	−0.454*	−0.571**
R_{amm}	0.989**	0.998**	0.66**	0.677**	0.997**	0.893**
R_{nit}	0.407	0.375	0.728**	0.439*	0.29	0.65**

*代表在显著性 $p=0.05$ 水平，**代表在显著性 $p=0.01$ 水平。

如表 6-5 所示，下层土壤 R_{min} 对土壤环境因素和养分元素的响应不如上层强烈，除火干扰后 9 年样地中下层土壤 R_{min} 与土壤 MBN 具有显著相关性以外（$p<0.05$），火干扰后其他年份下层土壤 R_{min} 与土壤环境因素和养分元素并不具有显著的相关性（$p>0.05$）。进一步研究发现，火干扰后 3 年、9 年、28 年下层土壤 R_{min} 均与 R_{amm} 具有极显著相关性（$p<0.01$），仅有火干扰后 9 年样地下层土壤 R_{min} 与 R_{nit} 具有极显著相关性（$p<0.01$），这说明本地区火干扰后下层土壤 R_{min} 主要是由土壤 R_{amm} 的变化引起的。

表 6-5　火干扰后不同年限样地下层土壤（10～20 cm）净矿化速率（R_{min}）和其影响因子的皮尔逊相关系数（r）

	火干扰后 3 年		火干扰后 9 年		火干扰后 28 年	
	火烧样地	对照样地	火烧样地	对照样地	火烧样地	对照样地
SWC	0.337	0.283	0.274	0.005	−0.044	0.262
AP	0.35	0.033	−0.349	−0.145	0.093	0.234
AK	−0.017	0.201	−0.12	−0.061	0.192	0.185
pH	0.144	0.333	0.123	0.112	−0.093	−0.254
MBN	−0.034	−0.175	0.581**	0.568**	−0.12	−0.407
MBC	0.236	−0.11	0.179	−0.426	−0.174	0.209
$M_{C/N}$	0.089	−0.04	−0.505*	−0.294	0.024	0.392
R_{amm}	0.988**	0.996**	0.818**	0.979**	0.989**	0.969**
R_{nit}	0.369	0.329	0.671**	−0.326	0.181	0.483*

*代表在显著性 $p=0.05$ 水平，**代表在显著性 $p=0.01$ 水平。

6.3　林火与森林土壤氮矿化

以往研究发现火烧会在短期内通过直接作用和间接作用增加土壤的氮有效性，这其中包括火干扰后林冠层通过热解作用向土壤中释放大量无机氮、火干扰导致林下植被被烧毁而减少了植物对无机氮的吸收、通过雨水淋溶作用将火干扰后有机氮重新分配到森林生态系统中，以及火干扰后固氮植物的增加等生物和非生物过程(Gallant et al.，2003；Turner et al.，2007；Koyama et al.，2011；Popova et al.，2013)。与对照样地相比，火干扰后3年、9年、28年上层土壤无机氮含量分别降低了6%、21%、23%，火干扰后3年、9年、28年下层土壤无机氮分别降低了11%、25%、8%。进一步分析火干扰后土壤无机氮组分变化发现，火干扰后不同年限土壤上层和下层土壤铵态氮的变化与无机氮的变化规律类似，均存在不同程度的降低。但火干扰后不同年限土壤硝态氮含量的变化趋势与土壤无机氮的变化规律不同。火干扰后3年和9年样地中，上层和下层土壤硝态氮占总无机氮的比例均升高，火干扰后28年上层和下层土壤硝态氮占总无机氮的比例均降低。本研究结果表明，火干扰后铵态氮的增加作用在火干扰后3年基本上已经消失，而土壤硝态氮的增加通常滞后于土壤铵态氮的增加。以往研究发现硝态氮会在火干扰后1年开始增加，并且这种增加趋势会在火干扰后持续数年，火干扰后土壤中硝态氮的增加主要归因于火干扰后土壤铵态氮含量、pH和土壤温度的增加(Palese et al.，2004；Bladon et al.，2008)。上层和下层土壤硝态氮含量在火干扰后3~9年开始持续增加，但到火干扰后28年硝态氮占总无机氮的比例开始下降，这可能因为随着生态系统的演替进行，植被恢复、雨水淋溶作用和植被的吸收都可能导致火干扰后本地区土壤硝态氮含量大幅度降低。本地区火干扰后无机氮库的变化表明，土壤无机氮库在火干扰后28年依然低于火干扰前的水平，这说明重度火烧在28年后依然对本地区土壤氮库变化产生强烈影响。

研究火干扰后不同年限土壤净矿化速率发现，土壤净矿化速率与土壤铵化速率的变化规律基本一致。在上层土壤中，火干扰后3年样地土壤净矿化速率显著升高，到火干扰后9年样地下降了约26%，火干扰后28年样地升高了约14%。与对照样地相比，下层土壤净矿化速率在火干扰后3年、9年、28年并没有显著变化，这表明，相对于上层土壤，下层土壤净矿化速率对火烧响应并不显著。以往研究表明，计划火烧会导致在短期内土壤的净矿化速率增加，这主要是因为火干扰后土壤温度和pH的增加为土壤微生物提供了更多可利用的碳和氮源(Aranibar et al.，2003；González-Pérez et al.，2004)。但对于火干扰后土壤氮净矿化速率的长期变化还存在许多不确定因素，Durán等(2009)对火干扰后松树林净矿化速率研究表明，在火干扰后17年后，火烧样地净矿化速率降低，其中铵化速率和硝化速率均存在不同程度的降低。火烧显著减少了土壤有机碳的数量和质量，较低质量的有机质将会在火烧样地中降低土壤净矿化速率。同时，其他研究表明燃烧过程和雨水淋溶过程都会导致大量的土壤总氮库的降低。火干扰后土壤微生物量的减少，以及土壤中真菌和细菌的比例变化都将会是导致土壤氮净矿化速率降低的主要原因(Badía and Martí,2003;Popova et al.,2013)。本研究中,在火干扰后初期上层净矿化速率受土壤速效养分元素的控制,到火干扰后 9 年随着土壤微生物和植被的恢复,土壤净矿化速率开始降低,到火干扰后 28 年土壤净矿化速率变化趋于稳定,基本上恢复到火干扰前的水平。从火干扰后 9 年到 28 年,控制本地区净矿化速率的变化因子是水分、土壤微生物生物量氮和土壤速效养分。这说明火干扰后土壤微生物活动对于土壤氮矿化速率有着重要的影响,在火干扰后 3 年、9 年、28 年样地中,火烧样地矿化速率均在生长季初期(2015 年和 2016 年 5 月)达到全年较高值,火干扰后森林郁闭度较低,太阳辐射导致土壤迅速增温,雪融化为土壤微生物活动提供了适宜的水分条件,加速了土壤微生物活动,导致土壤净矿化速率迅速增加。这说明火干扰对生态系统氮循环的影响是长期的,会在火干扰后较长的时间尺度上通过改变植物的群落结构和物种组成对本区域的土壤氮的有效性产生影响。

6.4　结论性评述

中国北方针叶林生态系统是森林火灾的高发频发区域,同时也是受氮元素限制地区,火干扰对氮有效性的影响会对该地区无机氮库的变化以及森林生产力产生重要的影响,并且这种影响会在火干扰后持续数年。本章初步总结出火干扰后不同恢复阶段土壤无机氮库和氮净矿化速率的变化规律,以及在不同恢复阶段土壤氮净矿化速率的主要影响因子。具体研究结果如下。

(1)火干扰后 3 年、9 年、28 年上层土壤无机氮含量分别降低了约 6%、21%、23%,火干扰后 3 年、9 年、28 年下层土壤无机氮含量分别降低了约 11%、25%、8%。火干扰后 3 年和 9 年样地上层和下层土壤硝态氮占总无机氮的比例均升高,火干扰后 28 年上层和下层土壤硝态氮占总无机氮的比例均降低。

(2)在上层土壤中,火干扰后 3 年样地上层土壤 R_{min} 显著升高,火干扰后 9 年样地上层土壤 R_{min} 约下降了 26%,火干扰后 28 年上层土壤 R_{min} 基本恢复到火干扰前的水平。下层土壤 R_{min} 在火干扰后 3 年、9 年、28 年并没有显著变化,这说明下层土壤 R_{min} 对火烧响应并没有上层土壤那么显著。

(3)在火干扰后 3 年样地中控制上层土壤 R_{min} 变化的主要影响因子是土壤 AP 和 AK,在火干扰后 9 年样地中控制上层土壤 R_{min} 的主要影响因子是 SWC、AP、MBN 和 MBC,在火干扰后 28 年样地中控制上层土壤 R_{min} 的主要影响因子是 SWC、AP、MBN。这说明控制火干扰后 3 年上层土壤 R_{min} 的主要影响因子是速效养分元素,从火干扰后 9 年到 28 年上层土壤 R_{min} 受到土壤含水率、速效养分元素和土壤微生物活动共同影响。

第 7 章　火干扰后不同恢复方式对土壤微生物氮固持和净矿化速率的影响

目前研究发现，不同土地利用方式和不同恢复方式会对土壤氮矿化速率带来显著的影响。例如，Templer 等 (2005) 研究发现森林生态系统在人工恢复的条件下，土壤氮净矿化速率会降低约 50%。不同恢复方式对土壤氮矿化速率的影响主要归因于不同恢复方式会对森林生态系统的植被组成、物种多样性、土壤理化性质和林内小气候产生影响 (Rhoades and Coleman，1999；Deng et al.，2014)。研究发现，不同恢复方式导致生物多样性和豆科植物数量的差异会对土壤净矿化速率产生影响 (Knops et al.，2000；Dybzinski et al.，2008)。物种组成和生物多样性的变化也会影响森林火灾后土壤肥力的分布和豆科植物的数量 (Casals et al.，2005)。目前研究发现，火干扰后豆科植物在固定大气中的 N_2 和利用土壤无机氮的过程中扮演着重要角色，这可能会影响火干扰后森林生态系统的演替规律并改变土壤中养分状况 (Ritchie and Tilman，1995；Arianoutsou and Thanos，1996)。豆科植物还可能通过加快森林内土壤氮矿化速率而增加土壤中无机氮库 (Spehn et al.，2002)。如果火干扰有利于豆科植物的生长，这将会促进火干扰后土壤氮库的恢复和土壤微生物活动，进而在火干扰后更长的时间段内促进群落的演替和生态系统的稳定性 (Johnson et al.，2004；Goergen and Chambers，2009)。Rau 等 (2008) 研究报道，火干扰后豆科植物盖度和生产力的增加将会使土壤固定大量的无机氮。这一研究结果表明火干扰后不同恢复方式下豆科植物在影响植物氮的利用性、物种组成和群落恢复过程中扮演着重要角色 (Kenny and Cuany，1990)。因此，进一步研究火干扰后不同恢复方式下土壤氮元素矿化速率的变化和火干扰后豆科植物的变化，将会为火干扰后采用何种方式进行森林生态系统恢复提供科学依据。

7.1　数据统计分析

本章使用 SPSS 19.0 统计软件进行数理统计分析。利用双因素方差分析法来探究取样时间、样地类型及两者交互作用对土壤铵态氮、硝态氮、无机氮、净铵化速率、净硝化速率和净矿化速率的影响。火干扰后自然恢复样地、人工恢复样地和对照样地中上层土壤与下层土壤性质指标是否存在显著差异均采用配对 t 检验法进行检验。采用单因素方差分析法来研究三种类型样地中土壤性质指标的差异性,并利用 LSD 检验方法进行多重比较。利用皮尔逊相关系数分析土壤净矿化速率与其影响因子的关系。

7.2　火干扰后不同恢复方式对土壤微生物氮固持和净矿化速率影响结果分析

7.2.1　火干扰后不同恢复方式对土壤性质的影响

三种类型样地的土壤性质如表 7-1 所示。对照样地上层土壤 pH 显著高于自然恢复和人工恢复样地上层土壤 pH($p<0.05$)。自然恢复样地上层土壤 AK 显著高于对照样地和人工恢复样地上层土壤 AK($p<0.05$)。不同恢复方式下,上层和下层土壤性质也存在差异,与人工恢复样地相比,上层土壤 AK 在自然恢复样地中显著升高($p<0.05$),而上层 SWC 在自然恢复样地中显著降低($p<0.05$)。然而下层土壤基本性质在三种样地类型中均无显著差异($p>0.05$)。

土壤深度也对土壤性质具有影响。三种类型样地中除了土壤 AP 在上层和下层土壤之间不存在显著差异外($p>0.05$),上层土壤 AK、SWC、pH 均显著高于对应下层土壤($p>0.05$)。

表 7-1　自然恢复样地、人工恢复样地和对照样地土壤基本性质

土壤性质	自然恢复样地	人工恢复样地	对照样地
UL SWC/%	68.08±23.64Aa	93.48±31.35Ab	114.55±55.47Ab
LL SWC/%	47.91±16.15Ba	41.19±10.63Ba	49.34±24.65Ba
UL AP/(mg·kg⁻¹)	27.38±17.09Aa	20.14±10.22Aa	26.23±18.64Aa
LL AP/(mg·kg⁻¹)	20.71±10.43Aa	15.27±4.35Aa	22.22±14.53Aa
UL AK/(mg·kg⁻¹)	560.79±314.97Aa	359.37±150.22Ab	390.73±196.90Ac
LL AK/(mg·kg⁻¹)	239.34±105.97Ba	197.63±142.12Ba	190.19±92.51Ba
UL pH	3.95±0.28Aa	4.02±0.18Aa	4.32±0.24Ab
LL pH	3.87±0.27Ba	3.84±0.22Ba	4.18±0.22Ba

注:UL,上层土壤(0~10 cm);LL,下层土壤(10~20 cm);SWC,土壤含水率;AP,土壤有效磷;AK,土壤速效钾。表中数值表示为平均值±标准误差。每行中小写字母表示三种类型样地中对应土壤性质在 $p=0.05$ 水平条件下的差异性分析结果。每列中大写字母表示土壤上层和下层对应土壤性质在 $p=0.05$ 水平条件下的差异性分析结果。

7.2.2　火干扰后不同恢复方式对森林土壤微生物生物量氮固持的影响

1. 火干扰后不同恢复方式对森林土壤 MBN、MBC 及 $M_{C/N}$ 的影响

自然恢复样地、人工恢复样地、对照样地上层土壤 MBN 分别为(81.63±

40.76) mg·kg^{-1}、(56.63±26.90) mg·kg^{-1}、(77.71±45.09) mg·kg^{-1}，自然恢复样地和对照样地上层土壤 MBN 均显著高于人工恢复样地上层土壤 MBN ($p<0.05$)，其中自然恢复样地上层土壤 MBN 比人工恢复样地上层土壤 MBN 高约 44%。自然恢复样地、人工恢复样地、对照样地土壤下层 MBN 分别为 (78.47±47.88) mg·kg^{-1}、(61.27±41.25) mg·kg^{-1}、(72.90±55.63) mg·kg^{-1}，其中自然恢复样地下层土壤 MBN 比人工恢复样地下层土壤 MBN 高约 28%，但是这种差异并不显著 ($p>0.05$) (图 7-1)。

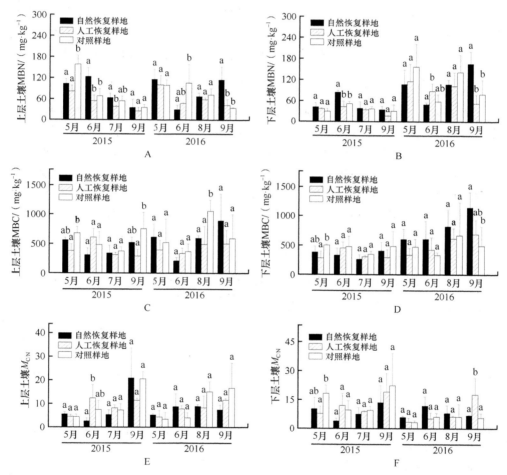

图 7-1　自然恢复样地、人工恢复样地、对照样地上层和下层土壤微生物生物量氮 (MBN)、微生物生物量碳 (MBC)、微生物生物量碳氮比 ($M_{C/N}$) 在 2015~2016 年动态变化

直方图上不同的小写字母代表在对应时间段内三种样地指标在 $p=0.05$ 水平的差异性分析结果。误差线表示标准差。

本研究中，自然恢复样地、人工恢复样地、对照样地上层土壤 MBC 分别为 (503.8±264.89) mg·kg^{-1}、(413.81±177.16) mg·kg^{-1}、(602.78±305.25) mg·kg^{-1}，

自然恢复样地和对照样地上层土壤 MBC 分别比人工恢复样地上层土壤 MBC 高约
22% 和 46%，其中对照样地上层土壤 MBC 要显著高于人工恢复样地上层土壤
MBC（$p<0.05$）。自然恢复样地、人工恢复样地、对照样地下层土壤 MBC 分别为
$(566.83 \pm 330.66) \, mg \cdot kg^{-1}$、$(422.46 \pm 196.63) \, mg \cdot kg^{-1}$、$(471.28 \pm 240.70) \, mg \cdot kg^{-1}$，
其中自然恢复样地下层土壤 MBC 比人工恢复样地下层土壤 MBC 高约 34%，但是
这种差异并不显著（$p>0.05$）（图 7-1）。

　　本研究中，自然恢复样地、人工恢复样地、对照样地上层土壤 $M_{C/N}$ 分别为
8.07 ± 6.82、8.62 ± 3.91、10.16 ± 7.46，自然恢复样地、人工恢复样地、对照样地
下层土壤 $M_{C/N}$ 分别为 8.44 ± 4.88、9.70 ± 6.84、10.73 ± 6.01。自然恢复样地上层
和下层土壤 $M_{C/N}$ 均最低，而在对照样地上层和下层土壤 $M_{C/N}$ 均最高（图 7-1）。

　　2. 火干扰后不同恢复方式下土壤微生物生物量氮的影响因子

　　不同恢复方式下控制土壤 MBN 的影响因子不同（表 7-2）。在自然恢复条件下，
上层和下层土壤 MBN 与 MBC 显著相关（$p<0.05$）；而在人工恢复条件下，上层
和下层土壤 MBN 与 MBC 之间则不存在显著的相关性（$p>0.05$）。上层土壤中，
控制自然恢复样地土壤 MBN 变化的主要影响因子是土壤 AP 和 AK，而控制人工
恢复样地上层土壤 MBN 变化的主要影响因子是 SWC。在下层土壤中，控制自然
恢复样地土壤 MBN 变化的主要影响因子是 SWC，控制人工恢复样地下层土壤
MBN 变化的主要影响因素是土壤 AP。研究结果表明，在不同恢复方式下，控制
土壤 MBN 变化的影响因子差异很大。

表 7-2　自然恢复样地、人工恢复样地、对照样地上层（0～10 cm）和下层（10～20 cm）
　　　　土壤微生物生物量氮（MBN）及其影响因子的皮尔逊相关系数（r）

	自然恢复样地		人工恢复样地		对照样地	
	0～10 cm	10～20 cm	0～10 cm	10～20 cm	0～10 cm	10～20 cm
SWC	0.244	0.478*	0.466*	0.198	0.033	0.066
AP	0.776**	−0.213	0.216	−0.303	0.455*	−0.324
AK	0.630**	−0.092	−0.413	−0.454*	0.595**	−0.141
pH	0.307	−0.016	−0.067	0.057	−0.057	−0.026
MBC	0.480*	0.747**	0.096	0.203	−0.09	0.097
$M_{C/N}$	−0.581**	−0.425*	−0.666**	−0.62**	−0.626**	−0.579**

*代表在显著性在 $p=0.05$ 水平，**代表显著性在 $p=0.01$ 水平。

7.2.3　火干扰后不同恢复方式对土壤无机氮和净矿化速率的影响

　　1. 火干扰后不同恢复方式对土壤 NH_4^+-N、NO_3^--N 和无机氮的影响

　　在本研究中，自然恢复样地上层土壤无机氮和下层土壤无机氮的变化范围分

别为 62.93～197.54 mg·kg^{-1} 和 78.17～193.49 mg·kg^{-1}。人工恢复样地上层土壤无机氮和下层土壤无机氮的变化范围分别为 35.94～147.31 mg·kg^{-1} 和 35.23～189.43 mg·kg^{-1}。对照样地上层土壤无机氮和下层土壤无机氮的变化范围分别为 68.69～260.82 mg·kg^{-1} 和 48.42～197.47 mg·kg^{-1}。

双因素方差分析结果表明，不同样地类型和取样时间均对上层和下层土壤 NH_4^+-N、NO_3^--N、无机氮具有显著影响（$p<0.01$）。同时，不同样地类型和取样时间的交互作用对上层和下层土壤 NO_3^--N 也具有显著影响（$p<0.01$）（表 7-3）。进一步分析发现，土壤 NH_4^+-N 和 NO_3^--N 存在不同的动态变化规律。上层和下层土壤 NH_4^+-N 含量在生长季初期（2015 年 5 月和 2016 年 5 月）开始增加，达到最大值后开始呈下降趋势直至生长季结束，最低值在三种类型样地中均出现在 2015 年 9 月和 2016 年 9 月，在生长季具有明显的"单峰"变化趋势（图 7-2）。与土壤 NH_4^+-N 不同，土壤 NO_3^--N 在 2015 年和 2016 年不存在相似变化规律，在对照样地中上层和下层土壤 NO_3^--N 含量最大值在 2015 年都出现在 9 月，而 NO_3^--N 含量最大值在 2016 年都出现在 7 月。上层和下层土壤无机氮的动态变化规律与土壤 NH_4^+-N 动态变化相似，与土壤 NO_3^--N 不同（图 7-2）。与对照样地上层土壤无机氮相比，火干扰后自然恢复样地和人工造林样地上层土壤无机氮分别降低了约 23%和 54%（表 7-4）。不同恢复方式对上层土壤 NH_4^+-N、NO_3^--N 和无机氮含量均具有影响，上层土壤 NH_4^+-N 和无机氮含量在对照样地和自然恢复样地中均显著高于人工恢复样地（$p<0.05$）。自然恢复样地上层土壤 NH_4^+-N、NO_3^--N 和无机氮含量分别比人工恢复样地高约 70%、29%、67%。自然恢复样地下层土壤 NH_4^+-N、NO_3^--N 和无机氮含量分别比人工恢复样地高约 35%、6%、34%。尽管火干扰后自然恢复方式有利于土壤无机氮库的恢复，但土壤无机氮库依然低于火干扰前的水平，自然恢复样地中上层土壤 NH_4^+-N、NO_3^--N 和无机氮含量分别比对照样地下降了约 41%、23%、40%。然而在下层土壤，NH_4^+-N 和无机氮含量在三种样地中并不存在显著差异（$p>0.05$），只有对照样地下层土壤 NO_3^--N 含量显著高于自然恢复样地和人工造林样地土壤 NO_3^--N 含量（表 7-4）。

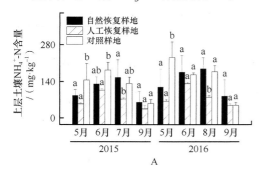

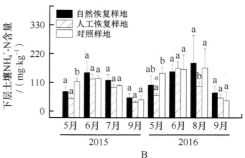

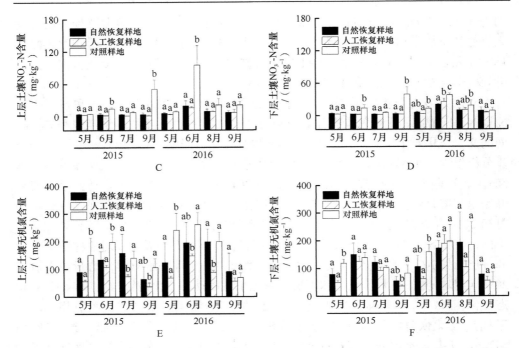

图 7-2　自然恢复样地、人工恢复样地、对照样地中上层和下层铵态氮(NH₄⁺-N)、硝态氮
(NO₃⁻-N)、无机氮在 2015～2016 年的动态变化

直方图上不同的小写字母代表在对应时间段内三种样地指标在 $p=0.05$ 水平的差异性分析结果。误差线表示为标准差。

表 7-3　样地类型(P)、取样时间(ST)和样地类型与取样时间的交互作用(P×ST)对上层(UL)
和下层(LL)土壤铵态氮(mg·kg⁻¹)、硝态氮(mg·kg⁻¹)和无机氮(NH₄⁺-N+NO₃⁻-N)(mg·kg⁻¹)
的影响的双因素方差分析

影响因素	UL NH₄⁺-N		LL NH₄⁺-N		UL NO₃⁻-N		LL NO₃⁻-N		UL 无机氮		LL 无机氮	
	F 值	p 值	F 值	p 值	F 值	p 值	F 值	p 值	F 值	p 值	F 值	p 值
P	22.198	<0.001	7.235	0.002	44.437	<0.001	51.946	<0.001	31.81	<0.001	3.191	0.05
ST	10.935	<0.001	17.065	<0.001	18.595	<0.001	24.297	<0.001	11.886	<0.001	7.992	<0.001
P×ST	2.344	0.015	1.673	0.095	8.563	<0.001	6.728	<0.001	1.704	0.087	0.654	0.806

注：UL，上层土壤(0～10 cm)；LL，下层土壤(10～20 cm)。

表 7-4　自然恢复样地、人工恢复样地和对照样地中土壤铵态氮(NH₄⁺-N)、硝态氮(NO₃⁻-N)、无
机氮(NH₄⁺-N+NO₃⁻-N)、净铵化速率(R_{amm})、净硝化速率(R_{nit})、净矿化速率(R_{min})的比较

	自然恢复样地	人工恢复样地	对照样地
UL NH₄⁺-N/(mg·kg⁻¹)	124.36±50.28Aa	73.33±7.36Ab	142.58±28.65Aa
LL NH₄⁺-N/(mg·kg⁻¹)	112.03±37Aa	82.49±13.19Aa	111.22±29.19Ba
UP NO₃⁻-N/(mg·kg⁻¹)	6.94±3.40Aa	5.36±1.58Aa	27.67±10.02Ab
LL NO₃⁻-N/(mg·kg⁻¹)	7.06±2.11Aa	6.66±1.68Aa	17.64±5.63Bb

续表

	自然恢复样地	人工恢复样地	对照样地
UL 无机氮/(mg·kg⁻¹)	131.31±53.68Aa	78.68±8.94Ab	170.25±38.67Ac
LL 无机氮/(mg·kg⁻¹)	119.09±39.11Aa	89.15±14.87Aa	128.86±34.82Ba
UL R_{amm}/(mg·kg⁻¹·d⁻¹)	3.87±1.33Aa	1.10±0.68Ab	2.34±1.63Ab
LL R_{amm}/(mg·kg⁻¹·d⁻¹)	1.14±1.14Ba	0.23±1.52Aa	−0.35±0.03Ba
UL R_{nit}/(mg·kg⁻¹·d⁻¹)	0±0.12Aa	−0.02±0.02Aa	1.06±0.38Ab
LL R_{nit}/(mg·kg⁻¹·d⁻¹)	0.01±0.18Aa	0.08±0.15Aa	−0.09±0.16Ba
UL R_{min}/(mg·kg⁻¹·d⁻¹)	3.87±1.44Aa	1.08±0.70Ab	3.39±2.00Aa
LL R_{min}/(mg·kg⁻¹·d⁻¹)	1.15±0.32Ba	0.30±1.66Aa	−0.43±1.19Ba

注：UL，上层土壤(0~10 cm)；LL，下层土壤(10~20 cm)，表中数值表示为平均值±标准误差。每行中小写字母表示三种类型样地中对应土壤性质在 p=0.05 水平条件下的差异性分析结果。每列中大写字母表示土壤上层和下层对应土壤性质在 p=0.05 水平条件下的差异性分析结果。

2. 火干扰后不同恢复方式对土壤净矿化速率的影响

R_{min} 的季节动态变化规律与 R_{amm} 相似，除了对照样地上层土壤 R_{min} 和 R_{amm} 在 2016 年 7 月达到全年最高值以外，三种样地中上层和下层土壤 R_{min} 和 R_{amm} 都在生长季初期(2015 年 5 月和 2016 年 5 月)达到较高的水平，在整个生长季呈下降趋势。而土壤上层和下层 R_{nit} 在实验测量期间则不存在显著的变化规律(图7-3)。

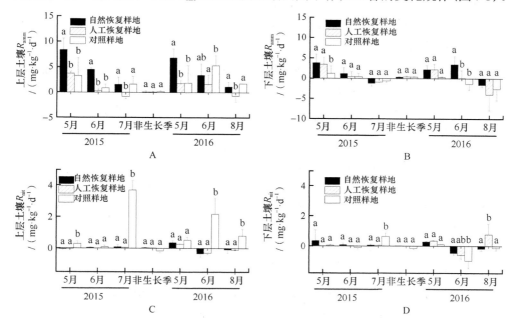

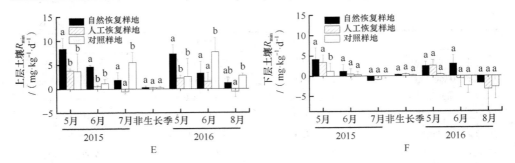

图 7-3　自然恢复样地、人工恢复样地、对照样地中土壤上层（0～10 cm）和下层（10～20 cm）净铵化速率（R_{amm}）、净硝化速率（R_{nit}）、净矿化速率（R_{min}）在 2015～2016 年的动态变化

直方图上不同的小写字母代表在对应时间段内三种样地指标在 $p=0.05$ 水平的差异性分析结果。误差线表示为标准差。

　　双因素方差分析结果表明，取样时间对土壤上层和下层 R_{amm}、R_{nit}、R_{min} 具有显著影响。上层土壤 R_{amm}、R_{nit}、R_{min} 在三种样地类型之间均存在显著差异，而仅有下层土壤 R_{amm} 在三种样地之间存在显著差异。样地类型和取样时间的交互作用除对下层土壤 R_{min} 具有显著影响以外，对其他上层和下层土壤 R_{amm}、R_{nit}、R_{min} 均无显著影响（表 7-5）。自然恢复样地和对照样地上层土壤 R_{min} 均显著高于人工恢复样地上层土壤 R_{min}（$p<0.05$）。自然恢复样地和对照样地中上层土壤 R_{min} 分别约是人工恢复样地上层土壤 R_{min} 的 3.6 倍和 3.1 倍，自然恢复样地上层土壤 R_{min} 是对照样地上层土壤 R_{min} 的 1.1 倍，而下层土壤 R_{min} 在三种样地之间不存在显著差异（表 7-4）。对照样地、自然恢复样地、人工恢复样地上层土壤 R_{min} 均高于对应下层土壤 R_{min}。

表 7-5　样地类型（P）、取样时间（ST）和样地类型与取样时间的交互作用（P×ST）对土壤上层（UL）和下层（LL）净铵化速率（R_{amm}，mg · kg^{-1} · d^{-1}）、净硝化速率（R_{nit}，mg · kg^{-1} · d^{-1}）和净矿化速率（R_{min}，mg · kg^{-1} · d^{-1}）的影响的双因素方差检验

影响因素	UL R_{amm}		LL R_{amm}		UL R_{nit}		LL R_{nit}		UL R_{min}		LL R_{min}	
	F 值	p 值	F 值	p 值	F 值	p 值	F 值	p 值	F 值	p 值	F 值	p 值
P	16.825	<0.001	5.339	0.009	93.374	<0.001	2.082	0.138	18.694	<0.001	2.8	0.072
ST	12.148	<0.001	12.367	<0.001	21.639	<0.001	13.428	<0.001	11.525	<0.001	8.593	<0.001
P×ST	2.86	0.006	1.459	0.183	24.48	<0.001	3.742	0.001	5.241	<0.001	0.953	0.506

　　注：UL，上层土壤（0～10 cm）；LL，下层土壤（10～20 cm）。

3. 火干扰后不同恢复方式下土壤净矿化速率的影响因素

　　如表 7-6 所示，上层土壤 R_{min} 在三种样地中均与土壤 MBN 和 SWC 呈显著正相关关系，与土壤 $M_{C/N}$ 呈显著负相关关系。然而下层土壤 R_{min} 与 SWC、AP、AK、pH、MBC、MBN、$M_{C/N}$ 均不存在显著相关性。上层和下层土壤 R_{min} 均与 R_{amm} 具

有显著相关性，而与 R_{nit} 不存在如此紧密的联系。

表 7-6　自然恢复样地、人工恢复样地、对照样地中上层（0～10 cm）和下层（10～20 cm）土壤净矿化速率（R_{min}）及其影响因子的皮尔逊相关系数（r）

影响因素	自然恢复样地		人工恢复样地		对照样地	
	UL R_{min}	LL R_{min}	UL R_{min}	LL R_{min}	UL R_{min}	LL R_{min}
SWC	0.489*	0.005	0.521*	−0.222	0.464*	0.262
AP	0.669**	0.125	0.605**	−0.064	0.327	0.234
AK	0.331	0.232	−0.15	−0.135	−0.189	0.185
pH	0.116	0.069	−0.07	−0.177	−0.411	−0.254
MBN	0.709**	−0.108	0.565**	0.027	0.467*	−0.407
MBC	0.271	−0.161	−0.14	−0.324	−0.477*	0.209
$M_{C/N}$	−0.454*	0.044	−0.532*	−0.108	−0.571**	0.392
R_{amm}	0.997**	0.989**	0.995**	0.992**	0.893**	0.969**
R_{nit}	0.29	0.16	0.136	0.216	0.650**	0.452*

注：UL，上层土壤（0～10 cm）；LL，下层土壤（10～20 cm）；*代表在显著性 p=0.05 水平，**代表在显著性 p=0.01 水平。

7.2.4　火干扰后不同恢复方式对植被生物多样性和豆科植物的影响

如表 7-7 所示，植被生物多样性指标和豆科植物重要值（IVI）在两种恢复方式条件下存在显著差异。与人工恢复相比，火干扰后自然恢复条件下 D、H' 和 R 值显著提高。E 值在三种样地中不存在显著差异。在三种样地中，自然恢复条件下 IVI 值最高，显著高于人工恢复条件下豆科植物 IVI 值（$p<0.05$）。

如图 7-4 所示，豆科植物 IVI 与植被生物多样性指标具有显著相关性（D、H'、R）（图 7-4A～C），而与 E 不存在显著相关关系（图 7-7D）。上层土壤 R_{min} 随豆科植物 IVI 的增加而增加，而下层土壤 R_{min} 与豆科植物 IVI 则不存在显著相关性（图 7-4E 和 F）。

表 7-7　自然恢复样地、人工恢复样地、对照样地的 Shannon-Wiener 多样性指数（H'）、Simpson 多样性指数（D）、物种丰富度指数（R）、Pielou 均匀度指数（E）和豆科植物重要值（IVI）（%）

	D	H'	R	E	IVI
自然恢复样地	2.14±0.06a	0.85±0.01a	12.27±0.68a	0.86±0.01a	6.26±2.92a
人工恢复样地	1.75±0.1b	0.76±0.04b	9.13±0.51b	0.80±0.05a	1.44±0.66b
对照样地	1.94±0.03ab	0.80±0.03ab	10.2±1.0ab	0.85±0.02a	3.25±1.07ab

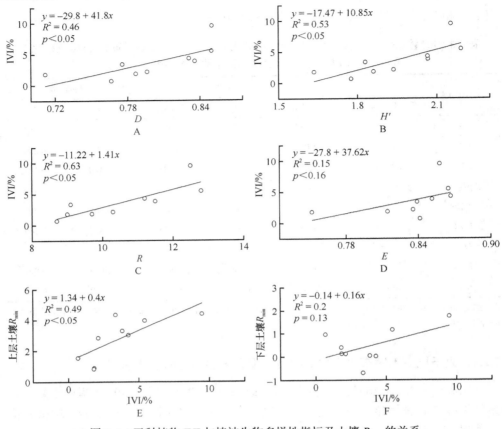

图 7-4　豆科植物 IVI 与植被生物多样性指标及土壤 R_{min} 的关系

7.3　火干扰后不同恢复方式对土壤微生物氮固持和净矿化速率的影响

7.3.1　火干扰对氮的有效性的影响

　　自然恢复条件下和人工恢复条件下上层土壤(0～10 cm)无机氮含量分别比对照样地低约 23%和 54%。自然恢复条件下,上层土壤无机氮含量显著高于人工造林条件下上层土壤无机氮含量。自然恢复条件下,上层土壤净矿化速率在火干扰后 28 年基本恢复到火干扰前水平。自然恢复样地和对照样地上层土壤净矿化速率均显著高于人工造林样地。

　　Kong 等(2015)研究发现火烧 1 年后土壤无机氮含量提高 63%。本研究结果表明,火干扰后 28 年,在自然恢复和人工恢复条件下土壤 0～10 cm 土壤无机氮依然低于火干扰前水平,这说明高强度火干扰在 28 年后对本地区无机氮库依然具有影响。以往研究表明，由于火干扰后氮挥发、植物组织燃烧、火干扰后灰分物质释放阳离子，火干扰后土壤铵态氮通常增加，约高于火干扰前的 2～26 倍(Grogan et al.，2000；Smithwick et al.，2005b)，但是这种影响通常会在火干扰后 3 年内消失(Adams and Attiwill，1991；Wan et al.，2001；Wang et al.，2014b)。而土壤硝态氮的增加通常滞后于土壤铵态氮的增加，有研究表明硝态氮会在火干扰后 1 年开始增加，并且这种增加趋势会在火干扰后持续数年(Covington and Sackett，1992)，火干扰后土壤中硝态氮的增加主要归因于火干扰后土壤铵态氮、pH 和土壤温度的增加(Högberg，1997)。DeLuca 和 Sala(2006)研究表明重度火干扰后森林中存在大量的黑碳，导致土壤总的硝化速率增加，其他研究表明火干扰后土壤微生物和植被的减少也有利于土壤硝态氮的积累(Koyama et al.，2011)。但是高强度森林火灾后随着降雨冲刷，可能导致大量土壤硝态氮流失到附近的水域生态系统中(DeLuca and Sala，2006)。在本研究中，土壤铵态氮在火干扰后 28 年基本恢复到火干扰前的水平，而土壤硝态氮依然低于火干扰前的水平。这说明在火干扰后恢复 28 年，森林火灾依然对土壤硝态氮具有强烈的影响，火干扰后土壤中硝态氮积累量较低可能是由于降雨的淋溶作用，以及土壤微生物和植被对土壤硝态氮的吸收导致的(Riggan et al.，1994；DeBano et al.，1998)。

高强度火烧能够破坏森林的林冠层，增加太阳辐射，同时限制植物的蒸腾作用(Turner et al.，2011)。火干扰后自然环境条件能通过风和重度降雨改变土壤微生物量、灰分物质分配、土壤湿度。

Kong 等(2015)研究指出大兴安岭地区 0～10 cm 土壤氮矿化速率在火干扰后 1 年内增加，可能是高强度火烧导致有机酸变性引起土壤 pH 增加导致的(Certini，2005)。而本研究结果表明，火干扰后在自然恢复条件下上层土壤净矿化速率基本已经恢复到火干扰前的水平。本地区土壤净矿化速率主要受到土壤含水率、土壤微生物氮量控制，这可能是因为适宜的土壤含水率能够促进土壤微生物活动，能够在火干扰后森林生态系统恢复过程中促进土壤净矿化速率的增加。

在本研究中，下层土壤无机氮和下层总氮依然低于火干扰前水平，火干扰后自然恢复和人工恢复条件下，下层土壤净矿化速率均高于火干扰前水平。根据以往研究结果，除极端火灾外，土壤氮的有效性随火烧强度增加而增加(Turner et al.，2007；Glass et al.，2008)。本研究结果说明在火干扰后 28 年，高强度火烧对土壤下层氮的有效性依然具有影响，森林火灾作为北方针叶林生态系统中重要的干扰因素，在研究土壤氮循环变化过程中不应该被忽略。

7.3.2　火干扰后不同恢复方式对土壤氮的有效性的影响

研究表明，不同森林恢复方式和土地利用方式可以通过改变土壤有机碳、C/N、土壤温度、土壤湿度和土壤微生物活动来影响土壤碳和氮的循环(Adams and Attiwill，1986；Wang et al.，2006；Yan et al.，2008；Deng et al.，2014）。本研究结果表明，土壤上层无机氮在自然恢复方式下比在人工恢复方式下高约41%。土壤上层净矿化速率在自然恢复方式下比在人工恢复方式下快约 3.6 倍。火干扰后 28 年土壤矿化速率在自然恢复方式下显著提高，这说明不同的恢复方式会影响中国北方针叶林生态系统中火干扰后演替过程和养分固持。自然恢复方式下和人工恢复方式下土壤氮有效性的差异可能是由两个方面的原因导致的。第一方面原因可能是不同恢复方式下环境因素不同导致的，与自然恢复方式相比，人工造林恢复方式具有更高的森林郁闭度，这会减少太阳热辐射，导致更高的土壤湿度。环境因素的改变会直接影响土壤微生物的活动，从而进一步影响土壤氮有效性（Dunn et al.，1979；Mackenzie et al.，2006）。重度火烧会导致土壤无机氮含量增加，更强烈的太阳辐射有利于土壤碳由不可利用形式向可利用形式转化，从而增加土壤微生物的底物供应量，使火干扰后土壤净矿化速率和无机氮含量显著升高（Thornley and Cannell，2001；Mendham et al.，2004；Conant et al.，2011）。但随着人工造林条件下森林的恢复，人工造林会降低土壤微生物的分解速率，并最终降低土壤氮的矿化速率和氮的有效性（Menyailo et al.，2002；Cheng et al.，2011；Laungani and Knops，2012）。Luo 等（2006）研究指出人工造林条件下土壤氮净矿化速率和土壤无机氮含量的降低是由于人工造林条件下土壤固碳量低和在长期恢复条件下土壤氮素限制导致的。另一方面，在火干扰后自然恢复和人工造林条件下，植被恢复和豆科植物数量的不同可能是导致火干扰后森林演替过程中土壤氮有效性不同的另一个生物因素。重要值是用来衡量物种多样的重要指标，它可以用来表示某一物种在整个群落中的相对重要性（Maliondo et al.，2000；Achyut，2010）。本研究结果表明上层土壤净矿化速率随豆科植物重要值（IVI）的增加而增加，重度火干扰后自然恢复方式有利于豆科植物恢复并且会使土壤净矿化速率升高。以往研究表明，虽然豆科植物在植物群落组成中仅占很小的比重，但却会对土壤碳和氮元素积累产生重要影响（Mckey，1994）。森林火灾可以促进种子萌发，从而促进森林自然更新，增加土壤中养分的有效性（Casals et al.，2005）。这种影响会增加固氮植物的种类和数量，如火干扰后豆科植物的增加将导致土壤中固氮数量多于火灾过程中氮元素损失的数量（Johnson and Curtis，2001）。Reverchon 等（2012）研究指出火干扰可以改变森林内下层植被物种组成，从而提高火干扰后森林生态系统的固氮能力。火干扰后森林内的环境条件有利于森林内下层豆科植物和固氮微生物的恢复，豆科植物可以通过提高土壤氮的矿化速率来增加土壤中可利用氮，进而改变森林生态系统中氮的收支平衡关系（Spehn et al.，2002；Johnson et al.，2004；Hart et al.，2005）。豆科植物经常在火干扰后恶劣的环境中起到促进生态系统恢复的作用（Morris and Wood，1989；Gosling，2005）。豆科植物能够在火干扰后森林生态系统中改变土壤的养分条件，从而促进其他植物的生长。火干扰后森林土壤中具有更多可利用的养分元素，能够增加豆科植物的生物量和盖度(Goergen and Chambers，2009)。Hobbs 和 Schimel(1984)的研究指出，美国科罗拉多地区的灌木和草地生态系统在火干扰后 2 年地上生物量增加。本研究中，在火干扰后自然恢复方式下，兴安落叶松林内草本豆科植物具有更高的 IVI、更高的生物量和盖度。这说明豆科植物在火干扰后森林生态系统中氮的有效性恢复过程中起着重要作用，大兴安岭地区高强度森林火灾后自然更新恢复方式更利于促进土壤净矿化速率的提高和土壤无机氮的积累。火干扰后人工恢复方式能够恢复森林植被，但是从长期的时间尺度来看，与自然恢复方式相比，人工恢复方式不利于维持森林群落组成以及促进养分元素的积累(Don et al.，2007；Oxbrough et al.，2007)。因此，火干扰后人工恢复方式下较低的生物多样性水平、较低的豆科植物比重和较低的生物多样性，可能是导致火干扰后人工恢复方式下土壤无机氮含量和土壤净矿化速率较低的原因。未来需要开展更多关于火干扰后固氮植物的研究，这将有利于准确评估火干扰后氮的有效性和森林生态系统生产力的恢复状况。

7.4　结论性评述

　　火干扰后不同恢复方式对土壤微生物氮的固持及森林中土壤氮的有效性具有重要影响，火干扰后不同的恢复方式能够通过影响火干扰后植被恢复过程及豆科植物的数量来对土壤氮库产生重要的影响。探究火干扰后不同恢复方式对落叶松林生态系统的土壤氮有效性的影响，对于未来火干扰后森林生态系统恢复具有重要的指导意义。具体研究结果如下。

　　(1)不同恢复方式对土壤微生物量产生影响。在自然恢复方式下，上层和下层土壤 MBN 比人工恢复方式下上层和下层土壤 MBN 分别高约 44%和 28%；在自然恢复方式下，上层和下层土壤 MBC 比人工恢复方式下上层和下层土壤 MBC 分别高约 22%和 34%，自然恢复方式更有利于兴安落叶松林土壤微生物量的提高。

　　(2)不同恢复方式对上层土壤氮的有效性均具有影响。上层土壤 NH_4^+-N 和无机氮含量在自然恢复样地中均显著高于人工恢复样地。自然恢复样地上层土壤 NH_4^+-N、NO_3^--N 和无机氮含量分别比人工恢复样地高约 70%、29%、67%。自然恢复样地下层土壤 NH_4^+-N、NO_3^--N 和无机氮含量分别比人工恢复样地高约 35%、6%、34%。自然恢复方式更有利于土壤无机氮矿化速率的恢复，自然恢复方式下上层土壤 R_{min} 约是人工恢复方式下上层土壤 R_{min} 的 3.6 倍。

　　(3)自然恢复方式有利于森林生物多样性的恢复，火干扰后自然恢复方式有利于豆科植物的恢复，火干扰后自然恢复条件下豆科植物的恢复和土壤微生物生物量氮的增加可能是引起土壤 R_{min} 增加的主要原因。

第8章 火干扰后室内培养条件下森林土壤的矿化特征

氮元素是限制森林生态系统中植物生长的重要因素之一，它对维护森林生态系统的稳定性以及森林生态系统物种组成具有重要作用(Vitousek et al.，2002)。土壤无机氮和土壤净矿化速率是衡量森林生态系统中氮的有效性的重要指标，对揭示森林生态系统氮循环具有重要的意义(Binkley and Hart，1989；Reich et al.，1997)。森林火灾是森林生态系统中最活跃的干扰因子之一，对氮素循环产生强烈的影响。森林火灾可以通过直接烧毁林下灌木减少森林地表有机质层厚度来影响森林生态系统(Caldwell et al.，2002；Hyodo et al.，2013)，也可以通过间接影响火干扰后森林生态系统土壤微环境来影响森林生态系统(Guinto et al.，2001；Doerr and Cerdà，2005)，例如，森林火灾对森林林冠层的破坏能够改变火干扰后森林内水分的分配，森林郁闭度降低和地表黑碳增加导致土壤温度及土壤表面太阳辐射增加，土壤表面水热条件及底物供应的变化会直接影响土壤微生物的活动，从而影响土壤有机氮的数量以及氮元素的矿化速率(Choromanska and DeLuca，2002；Grady and Hart，2006)。北方针叶林生态系统中森林植被生长缓慢，林下环境湿冷，凋落物分解缓慢，养分供应也缓慢，火干扰引起森林生态系统的细微变化都将对北方针叶林生态系统养分循环和土壤微生物新陈代谢，以及火干扰后植被更新产生重要的影响(Bonan，1990；Certini，2005；Hobbie et al.，2010)。

目前已经有许多学者开展氮素转换方面的研究(蔡贵信等，1979；陈祥伟等，1999；周才平等，2001；刘育红和吕军，2005)，但是对火干扰后氮素转换的研究还缺乏统一研究方法。在野外条件下，许多因素都会对火干扰后森林土壤氮的矿化以及微生物固持与转化产生影响，如火干扰后植被生长对氮素的吸收、火干扰后氮元素的挥发及无机氮通过雨水淋溶作用进入到生态系统等，这些影响因素对于解释火干扰后土壤微生物对氮元素的固持与转化、火干扰后土壤无机氮及其组分的变化、火干扰后氮矿化速率的变化等都带来许多不确定的因素(Wilson et al.，2002)。因此，国内外研究者对于室内培养法进行了系统的研究，其优点是能够在室内条件下控制土壤温度和湿度，从而揭示在不受外界条件影响下土壤微生物活动和土壤氮的有效性的变化机理(Waring and Bremner，1964；郭剑芬，2006；刘发林，2017)。以往学者对火干扰后土壤微生物活动变化和氮的有效性的影响多集中于野外短期研究，目前国内还没有就火干扰后森林生态系统室内培养条件土壤氮有效性的变化开展系统的研究，因此本研究将会作为野外条件下火干扰后土壤氮的有效性变化的有力补充，系统深入地揭示火干扰后室内培养条件下土壤氮有效性的变化机理。

8.1　数据统计分析

本章使用 SPSS 19.0 统计软件进行数理统计分析。室内培养条件下采用配对 t 检验法检测火烧样地和对照样地土壤微生物生物量氮(MBN)、生物量碳(MBC)、土壤铵态氮、土壤硝态氮、土壤无机氮和土壤净矿化速率是否存在显著性差异。采取一元线性回归方程进行拟合,研究火干扰后室内培养条件下土壤 MBN 与土壤无机氮和土壤净矿化速率之间的关系。利用皮尔逊相关系数分析室内培养条件下土壤净矿化速率与土壤 pH、有效磷(AP)、速效钾(AK)和微生物量碳氮比($M_{C/N}$)之间的关系。

8.2　火干扰后室内培养条件下森林土壤矿化特征结果分析

8.2.1　火干扰后室内培养条件下土壤化学性质的变化规律

如表 8-1 所示,在室内培养期间,火烧样地和对照样地上层与下层 SWC 均保持在田间持水量的 60%左右,火烧样地和对照样地上层与下层 SWC 之间不存在显著差异($p > 0.05$)。与对照样地相比,火干扰后土壤 pH 显著升高($p < 0.05$),火烧样地上层土壤 pH 显著高于下层土壤 pH($p < 0.05$),对照样地上层土壤 pH 和下层土壤 pH 之间不存在显著差异($p > 0.05$)。与对照样地相比,火干扰后上层和下层土壤 AP 及 AK 均显著升高($p < 0.05$),火烧样地和对照样地上层土壤 AP 及 AK 含量均显著高于对应样地下层土壤($p < 0.05$)。

表 8-1　室内培养条件下土壤理化性质变化

土壤深度/cm	土壤类型	SWC	pH	AP/(mg·kg⁻¹)	AK/(mg·kg⁻¹)
0~10	火烧样地	37.41±2.72a	5.96±0.85a	19.37±4.42a	307.16±100.11a
	对照样地	36.91±3.38a	4.87±0.17b	12.47±1.90b	219.59±28.86b
10~20	火烧样地	30.3±7.23a	5.30±0.56c	10.64±3.34b	175.90±57.12c
	对照样地	33.38±8.52a	4.72±0.27b	7.61±1.23c	165.19±16.13d

注:SWC 代表土壤含水率(%);AP 代表土壤有效磷;AK 代表土壤速效钾。不同字母(a、b、c、d)代表每列差异性分析结果,显著性水平在 $p=0.05$ 水平。

8.2.2　火干扰后室内培养条件下土壤微生物氮的变化规律

如图 8-1 A、B 所示,室内培养期间火干扰后上层和下层土壤 MBN 均表现出显著的动态变化趋势($p < 0.05$),呈现出先升高、再降低的变化趋势,其中火烧样地上层和下层土壤 MBN 最大值均出现在第 3 天,最大值分别为(111.72±10.31)mg·kg⁻¹、

(46.63±2.52) mg·kg^{-1}。火烧样地上层和下层土壤 MBN 最低值分别出现在 0 天
[(43.79±16.83) mg·kg^{-1}] 和 30 天 [(15.64±9.52) mg·kg^{-1}],最大值分别是最小
值的 2.6 倍和 3.0 倍。在室内培养期间,火烧样地上层土壤 MBN、对照样地上层
土壤 MBN、火烧样地下层土壤 MBN、对照样地下层土壤 MBN 平均值分别为
(69.12±12.66) mg·kg^{-1}、 (44.85±11.34) mg·kg^{-1}、 (24.11±5.16) mg·kg^{-1}、
(26.54±5.64) mg·kg^{-1}。 与对照样地相比,火烧样地上层土壤 MBN 显著升高
($p<0.05$),约升高了 54%,而火烧样地下层土壤 MBN 与对照样地下层土壤 MBN
则不存在显著差异($p>0.05$)。火烧样地和对照样地上层土壤 MBN 均要高于对应
下层土壤 MBN,其中火烧样地上层土壤 MBN 显著高于火烧样地下层土壤 MBN
($p<0.05$)。

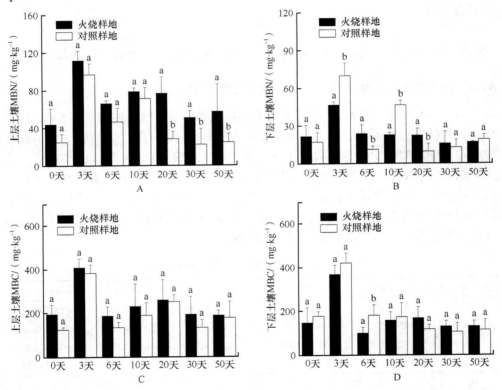

图 8-1 室内培养条件下上层(0~10 cm)和下层(10~20 cm)土壤微生物生物量氮(MBN)及生
物量碳(MBC)的变化

如图 8-1 C、D 所示,室内培养条件下火烧样地土壤 MBC 的变化呈现出与土
壤 MBN 类似的变化规律,均呈现出先升高、再降低的变化趋势,其中火烧样地上层
和下层土壤 MBC 最大值均出现在第 3 天,最大值分别为(408.22±41.65) mg·kg^{-1}、

$(368.38\pm41.63)\,mg\cdot kg^{-1}$。火烧样地上层和下层土壤 MBC 最低值均出现在第 6 天，分别为$(185.73\pm41.20)\,mg\cdot kg^{-1}$、$(98.49\pm25.59)\,mg\cdot kg^{-1}$，最大值分别是最小值的 2.2 倍和 3.7 倍。在室内培养期间，火烧样地上层土壤 MBC、对照样地上层土壤 MBC、火烧样地下层土壤 MBC、对照样地下层土壤 MBC 平均值分别为$(236.17\pm61.01)\,mg\cdot kg^{-1}$、$(197.99\pm38.49)\,mg\cdot kg^{-1}$、$(170.87\pm39.05)\,mg\cdot kg^{-1}$、$(183.62\pm40.07)\,mg\cdot kg^{-1}$。与对照样地相比，火烧样地上层土壤 MBC 升高约 19%，但是这种升高趋势并不显著$(p>0.05)$，火烧样地下层土壤 MBC 与对照样地下层土壤 MBC 不存在显著差异$(p>0.05)$。火烧样地和对照样地上层土壤 MBC 分别比其对应下层土壤 MBC 升高约 38%和 8%，其中火烧样地上层土壤 MBC 显著高于火烧样地下层土壤 MBC$(p<0.05)$。

如图 8-2 所示，在室内培养期间火烧样地上层和下层土壤 MBN 均与对应土壤无机氮含量存在显著正相关关系$(p<0.05)$，土壤无机氮含量随土壤 MBN 的增加而增加。在对照样地中，上层土壤无机氮与土壤 MBN 也呈现出显著的正相关关系$(p<0.05)$，而下层土壤无机氮含量则与土壤MBN不存在显著相关性$(p>0.05)$。

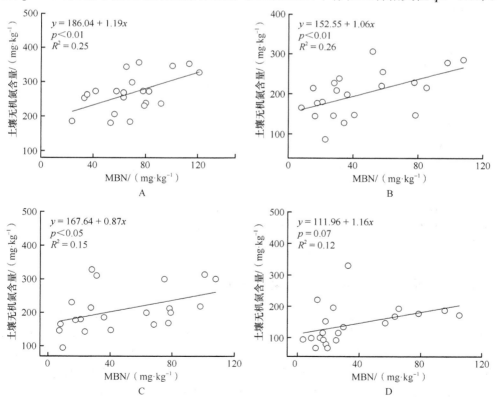

图 8-2　火烧样地上层土壤$(0\sim10\,cm)$ (A)、火烧样地下层土壤$(10\sim20\,cm)$ (B)、对照样地上层土壤$(0\sim10\,cm)$ (C)、对照样地下层土壤$(10\sim20\,cm)$ (D)微生物生物量氮(MBN)与土壤无机氮的关系

　　如图 8-3 所示,室内培养期间火烧样地上层和下层土壤 MBN 均与对应土壤净矿化速率($R_{\min}$)存在显著负相关关系($p<0.05$),土壤净矿化速率随土壤 MBN 的增加而降低。在对照样地中,上层和下层土壤净矿化速率($R_{\min}$)与土壤 MBN 也呈现出显著的负相关关系($p<0.05$)。

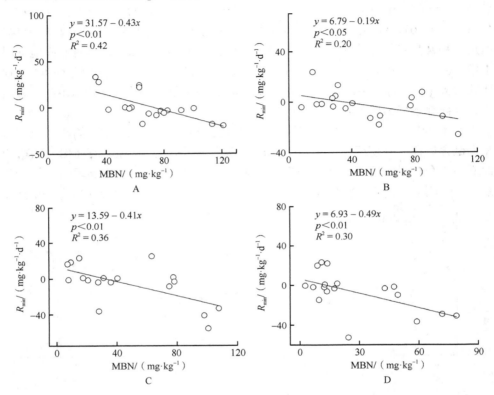

图 8-3　火烧样地上层土壤(0~10 cm)(A)、火烧样地下层土壤(10~20 cm)(B)、对照样地上层土壤(0~10 cm)(C)、对照样地下层土壤(10~20 cm)(D)微生物生物量氮(MBN)与土壤净矿化速率($R_{\min}$)的关系

8.2.3　火干扰后室内培养条件下土壤无机氮库的变化规律

　　如图 8-4 A、B 所示,室内培养条件下,上层和下层土壤铵态氮均表现出显著的动态变化趋势($p<0.05$),其中火烧样地上层土壤铵态氮在 0~6 天呈现出升高趋势,在 6~50 天呈下降趋势,而火烧样地下层土壤铵态氮在整个测量期间则呈现出递减的趋势。火烧样地上层和下层土壤铵态氮最大值分别出现在 6 天 [(215.63±43.88)mg·kg^{-1}] 和 0 天 [(177.85±6.72)mg·kg^{-1}];最小值均出现在第 50 天,分别为(81.10±23.43)mg·kg^{-1}、(34.96±9.71)mg·kg^{-1};最大值分别是其

最小值的 2.7 倍和 5.1 倍。在室内培养期间，火烧样地上层土壤铵态氮、对照样地上层土壤铵态氮、火烧样地下层土壤铵态氮、对照样地下层土壤铵态氮平均值分别为$(150.31\pm27.71)mg\cdot kg^{-1}$、$(107.60\pm24.07)mg\cdot kg^{-1}$、$(88.22\pm11.17)mg\cdot kg^{-1}$、$(92.28\pm25.35)mg\cdot kg^{-1}$。火烧样地上层土壤铵态氮比对照样地上层土壤铵态氮高约 $40\%(p>0.05)$，火烧样地下层土壤铵态氮与对照样地下层土壤铵态氮之间不存在显著差异$(p>0.05)$。火烧样地和对照样地上层土壤铵态氮分别比对应下层土壤铵态氮高约 70% 和 17%，其中火烧样地上层土壤铵态氮要显著高于下层土壤铵态氮$(p<0.05)$。

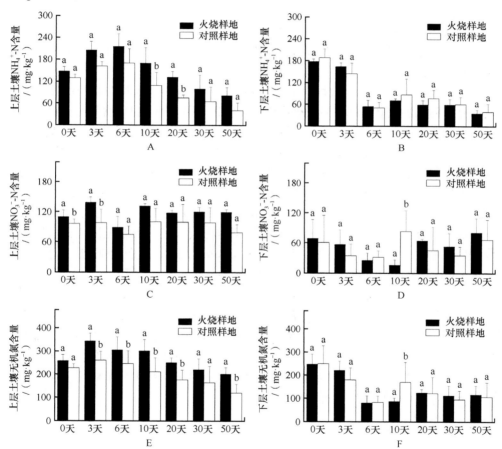

图 8-4　室内培养条件下上层($0\sim10$ cm)和下层($10\sim20$ cm)土壤铵态氮(NH_4^+-N)、硝态氮(NO_3^--N)、无机氮的动态变化

直方图上不同的小写字母代表在对应时间段在 $p=0.05$ 水平的差异性分析结果。误差线表示为标准差。

如图 8-4 C、D 所示，上层土壤硝态氮在室内培养期间存在显著的动态变化$(p<0.05)$，而下层土壤硝态氮在整个室内培养期间不存在显著的动态变化$(p>0.05)$。

火烧样地上层土壤硝态氮最大值出现在第 3 天 [(138.08±11.13) mg · kg^{-1}]，火烧样地下层土壤硝态氮最大值出现在 0 天 [(68.36±37.83) mg · kg^{-1}]。火烧样地和对照样地下层土壤硝态氮最小值分别出现在培养第 6 天 [(88.60±22.54) mg · kg^{-1}] 和第 10 天 [(15.59±10.63) mg · kg^{-1}]。在整个室内培养期间，火烧样地上层和下层土壤硝态氮含量最大值分别是其最小值的 1.6 倍和 4.4 倍。在室内培养期间，火烧样地上层土壤硝态氮、对照样地上层土壤硝态氮、火烧样地下层土壤硝态氮、对照样地下层土壤硝态氮平均值分别为 (117.79±10.48) mg · kg^{-1}、(92.56±22.83) mg · kg^{-1}、(51.53±21.97) mg · kg^{-1}、(50.44±34.01) mg · kg^{-1}。与对照样地相比，在整个培养期间上层土壤硝态氮显著升高 ($p<0.05$)，约升高 27%。而火烧样地下层土壤硝态氮含量和对照样地之间不存在显著差异 ($p>0.05$)。火烧样地和对照样地上层土壤硝态氮含量均显著高于对应下层土壤硝态氮含量 ($p<0.05$)，分别比对照样地高约 129% 和 83%。

如图 8-4 E、F 所示，火烧样地上层和下层土壤无机氮含量在整个培养期间表现出显著的动态变化 ($p<0.05$)。火烧样地上层和下层土壤无机氮含量与火烧样地上层和下层土壤铵态氮含量表现出相似的变化规律。火烧样地上层土壤无机氮含量在整个培养期内表现出先升高、再逐渐降低的"单峰变化趋势"。而火烧样地下层土壤无机氮在整个培养期总体变化趋势则表现逐渐降低的变化趋势。火烧样地上层和下层土壤无机氮含量最大值分别出现在第 3 天 [(343.11±35.19) mg · kg^{-1}] 和 0 天 [(200.45±29.24) mg · kg^{-1}]，最小值分别出现在第 50 天 [(200.45±29.24) mg · kg^{-1}] 和第 6 天 [(78.24±32.71) mg · kg^{-1}]。火烧样地上层和下层土壤无机氮含量最大值分别是其对应最小值的 1.7 倍和 3.1 倍。在室内培养期间，火烧样地上层土壤无机氮含量、对照样地上层土壤无机氮含量、火烧样地下层土壤无机氮含量、对照样地下层土壤无机氮含量平均值分别为 (268.10±38.18) mg · kg^{-1}、(200.16±46.89) mg · kg^{-1}、(139.74±33.14) mg · kg^{-1}、(142.72±59.36) mg · kg^{-1}。与对照样地相比，整个培养期间火烧样地上层土壤无机氮含量显著升高 ($p<0.05$)，升高了约 34%。而火烧样地下层土壤无机氮含量和对照样地下层土壤无机氮含量之间不存在显著的差异 ($p>0.05$)。火烧样地和对照样地上层土壤无机氮含量均显著高于对应下层土壤无机氮含量 ($p<0.05$)，分别高约 92% 和 40%。

8.2.4　火干扰后室内培养条件下土壤净矿化速率的变化规律

如图 8-5 A、B 所示，火烧样地上层和下层土壤净铵化速率在整个室内培养期间均表现出显著的动态变化 ($p<0.05$)。火烧样地上层土壤净铵化速率在 0~10 天内呈现出下降趋势，从培养第 20 后变化趋于稳定。火烧样地下层土壤净铵化速率在 0~6 天呈下降趋势，第 6~10 天开始上升，随后变化趋于稳定。火烧样地上层和下层土壤净铵化速率最大值分别出现在第 3 天 [(19.05±3.79) mg · kg^{-1} · d^{-1}]

和第 10 天 [(4.12±5.24) mg·kg^{-1}·d^{-1}],最小值分别出现在第 10 天 [(−11.37±19.62) mg·kg^{-1}·d^{-1}] 和第 6 天 [(−36.77±7.92) mg·kg^{-1}·d^{-1}]。火烧样地上层土壤净铵化速率在 0~3 天时要显著高于对应对照样地上层土壤净铵矿化速率($p<0.05$),在 0~3 天时火烧样地上层土壤净铵化速率约是对照样地上层土壤净铵化速率的 1.7 倍,在 6~50 天这段培养时间内,火烧样地与对照样地净铵化速率不存在显著差异($p>0.05$)。火烧样地与对照样地下层土壤在 0~50 天的室内培养时间内均不存在显著差异($p>0.05$)。

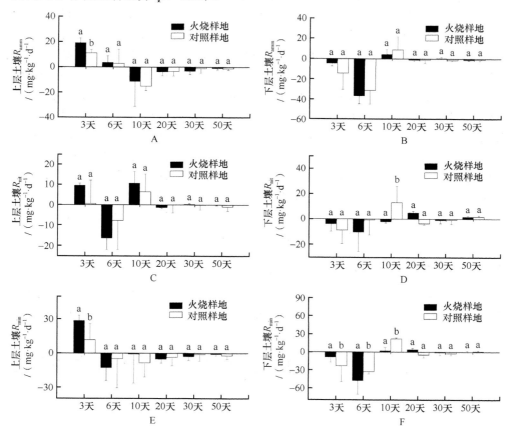

图 8-5　室内培养条件下上层(0~10 cm)和下层(10~20 cm)土壤净铵化速率(R_{amm})、净硝化速率(R_{nit})、净矿化速率(R_{min})的动态变化

直方图上不同的小写字母代表在对应时间段在 $p=0.05$ 水平的差异性分析结果。误差线表示为标准差。

如图 8-5 C、D 所示,火烧样地上层和下层土壤净硝化速率在整个室内培养期间均存在显著的动态变化($p<0.05$)。火烧样地和对照样地上层和下层土壤净硝化速率在 0~10 天均表现出先减小、再增加的变化趋势,在 20~30 天这段培养期内变化趋于稳定。火烧样地上层和下层土壤净硝化速率最大值出现在第 10 天

$[(10.62\pm5.85)\,mg\cdot kg^{-1}]$和第 20 天$[(4.82\pm1.43)\,mg\cdot kg^{-1}]$；最小值均出现在第 6 天，分别为$(-16.50\pm5.45)\,mg\cdot kg^{-1}$、$(-10.49\pm14.87)\,mg\cdot kg^{-1}$。火烧样地上层和下层土壤净硝化速率在 0～3 天培养时均高于对照样地上层和下层土壤净硝化速率，其中火烧样地上层土壤净硝化速率是对照样地上层土壤净硝化速率的 14.7 倍，但是到培养结束第 50 天时，火烧样地上层和下层土壤净硝化速率与对应对照样地土壤净硝化速率之间并不存在显著差异$(p>0.05)$。

　　如图 8-5 E、F 所示，火烧样地上层和下层土壤净矿化速率在整个室内培养期间均存在显著的动态变化$(p<0.05)$。火烧样地上层和下层土壤净矿化速率均在第 3～6 天内呈现出显著下降的趋势，在第 6～10 天内矿化速率上升，随后在整个培养期内变化趋于稳定。火烧样地上层和下层土壤净矿化速率最大值分别出现在培养 0～3 天$[(28.57\pm4.89)\,mg\cdot kg^{-1}]$和第 20 天$[(3.66\pm2.76)\,mg\cdot kg^{-1}]$；最小值均出现在培养第 6 天，分别为$(-12.96\pm10.94)\,mg\cdot kg^{-1}$、$(-47.26\pm22.78)\,mg\cdot kg^{-1}$。火烧样地上层和下层土壤净矿化速率在 0～3 天时均显著高于对应对照样地上层和下层土壤净矿化速率$(p<0.05)$，其中在 0～3 天火烧样地上层土壤净矿化速率是对照样地上层土壤净矿化速率的 2.4 倍。火烧样地上层土壤净矿化速率在 0～3 天表现为矿化大于固持，从培养的第 6 天开始到培养末期表现为固持大于矿化，净矿化速率为负值。而下层土壤净矿化速率在整个培养期间内呈波动式变化，在培养初期第 0～3 天表现为固持大于矿化，矿化速率为负值，但到了培养末期净矿化速率表现为矿化大于固持，矿化速率表现为正值。

8.2.5　火干扰后室内培养条件下土壤净矿化速率的影响因素

　　如表 8-2 所示，在整个室内培养期间，火烧样地上层土壤 R_{min} 与土壤 AP、MBN 和 MBC 呈显著负相关关系，而土壤 R_{min} 与土壤 R_{amm} 和 R_{nit} 均呈现出显著的正相关关系。

表 8-2　室内培养条件下火烧样地上层土壤净矿化速率（R_{min}）影响因子的相关性

	R_{min}	AP	AK	pH	MBN	MBC	$M_{C/N}$	R_{amm}	R_{nit}
R_{min}	1.000								
AP	−0.549*	1.000							
AK	0.089	−0.179	1.000						
pH	0.043	−0.192	0.822**	1.000					
MBN	−0.611**	0.020	−0.137	−0.085	1.000				
MBC	−0.537*	−0.017	−0.120	−0.025	0.728**	1.000			
$M_{C/N}$	0.225	0.137	0.130	0.248	−0.657**	−0.09	1.000		
R_{amm}	0.792**	−0.286	0.061	0.031	−0.213	−0.128	0.172	1.000	
R_{nit}	0.640**	−0.539*	0.070	0.031	−0.733**	−0.719**	0.152	0.038	1.000

*代表 $p<0.05$，**代表 $p<0.05$。

如表 8-3 所示，在整个室内培养期间，对照样地上层土壤 $R_{\min}$ 与土壤 AP 和 AK 均呈现出显著的正相关关系，与土壤 MBN 呈现出显著的负相关关系，同时土壤 $R_{\min}$ 与 R_{amm} 和 R_{nit} 均存在显著的正相关关系。

表 8-3　室内培养条件下对照样地上层土壤净矿化速率 ($R_{\min}$) 影响因子的相关性

	$R_{\min}$	AP	AK	pH	MBN	MBC	$M_{C/N}$	R_{amm}	R_{nit}
$R_{\min}$	1.000								
AP	0.596**	1.000							
AK	0.524*	0.631**	1.000						
pH	−0.343	−0.243	−0.434*	1.000					
MBN	−0.497*	−0.534*	−0.483*	0.752**	1.000				
MBC	−0.307	−0.325	−0.488*	0.793**	0.749**	1.000			
$M_{C/N}$	0.031	0.343	0.099	−0.308	−0.570**	−0.124	1.000		
R_{amm}	0.527*	0.684**	0.357	0.105	−0.092	0.115	0.216	1.000	
R_{nit}	0.707**	0.040	0.237	−0.370	−0.413	−0.410	−0.229	−0.165	1.000

*代表 $p<0.05$，**代表 $p<0.05$。

如表 8-4 所示，在整个室内培养期间，火烧样地下层土壤 $R_{\min}$ 与土壤 MBN 和 MBC 均呈现出显著的负相关关系，$R_{\min}$ 与 R_{amm} 和 R_{nit} 均存在显著的正相关关系。

表 8-4　室内培养条件下火烧样地下层土壤净矿化速率 ($R_{\min}$) 影响因子的相关性

	$R_{\min}$	AP	AK	pH	MBN	MBC	$M_{C/N}$	R_{amm}	R_{nit}
$R_{\min}$	1.000								
AP	0.126	1.000							
AK	0.134	−0.114	1.000						
pH	−0.041	0.044	0.716**	1.000					
MBN	−0.783**	−0.019	−0.112	−0.110	1.000				
MBC	−0.827**	−0.004	−0.391	−0.172	0.833**	1.000			
$M_{C/N}$	−0.003	0.118	−0.456*	−0.074	−0.341	0.192	1.000		
R_{amm}	0.930**	0.151	0.247	0.026	−0.747**	−0.890**	−0.102	1.000	
R_{nit}	0.695**	0.022	−0.146	−0.153	−0.507*	−0.373	0.181	0.384	1.000

*代表 $p<0.05$，**代表 $p<0.05$。

如表 8-5 所示，在整个室内培养期间，对照样地下层土壤 $R_{\min}$ 与土壤 AP 呈现出较强的负相关关系，与 AK 呈现出较强的正相关关系，但是均不显著 ($p>0.05$)。土壤 $R_{\min}$ 与土壤 MBN 和 MBC 均表现出显著的负相关关系，与土壤 R_{amm} 和 R_{nit} 表现出显著的正相关关系。

表 8-5　室内培养条件下对照样地下层土壤净矿化速率(R_{min})影响因子的相关性

	R_{min}	AP	AK	pH	MBN	MBC	$M_{C/N}$	R_{amm}	R_{nit}
R_{min}	1.000								
AP	−0.319	1.000							
AK	0.419	0.127	1.000						
pH	0.104	0.576**	0.276	1.000					
MBN	−0.585*	−0.100	−0.273	−0.088	1.000				
MBC	−0.532*	−0.227	−0.283	−0.336	0.815**	1.000			
$M_{C/N}$	0.413	−0.213	−0.252	−0.123	−0.448*	−0.199	1.000		
R_{amm}	0.877**	−0.216	0.289	0.182	−0.596**	−0.711**	0.328	1.000	
R_{nit}	0.641**	−0.307	0.393	−0.079	−0.242	0.051	0.318	0.193	1.000

*代表 $p<0.05$，**代表 $p<0.05$。

8.3　火干扰后室内培养条件下对森林土壤矿化特征的影响

　　野外原位培养法被认为更能真实地反映野外实际矿化过程，但由于野外条件难以控制，这就导致所获得数据很难进行比较。因此，室内培养法被广泛地应用于评价土壤氮矿化的研究过程。目前室内培养法已经广泛地应用于农田、草地、森林土壤氮矿化培养研究中(李志安等，1995；巨晓棠和李生秀，1997；王其兵等，2000；刘春艳，2016)，但对于火干扰后森林生态系统土壤氮矿化速率在室内条件下的变化规律还缺乏研究。本研究系统探究了火干扰后室内培养条件下土壤微生物氮、无机氮及其组分、净矿化速率的变化规律。本研究发现，在室内培养条件下，火干扰后上层土壤无机氮组分增加，其中火干扰后上层土壤铵态氮、硝态氮、无机氮含量分别增加了 40%、27%、34%。在整个室内培养期间，火干扰后上层土壤无机氮含量在 0～3 天内呈增长趋势，从第 6～50 天呈逐步降低的变化趋势。室内培养条件下火干扰后 3～6 天是上层土壤矿化与固持转换的时间点。在 0～3 天培养时，火干扰后上层和下层土壤净矿化速率均显著升高，其中上层土壤净铵化速率、净硝化速率、净矿化速率在火干扰后分别增加了 1.7 倍、14.7 倍、2.4 倍。但到培养结束第 50 天时，火烧样地上层和下层土壤净矿化速率与对照样地上层和下层土壤净矿化速率均无显著差异。

　　在室内培养条件下，火干扰后土壤无机氮及其组分和土壤净矿化速率均高于对照样地，这与以往研究发现基本一致，火干扰后短期内会导致土壤无机含量和土壤净矿化速率增加(Smithwick et al.，2005b；DeLuca and Sala，2006；Turner et al.，2007；Koyama et al.，2011)。在培养过程中，土壤无机氮含量和土壤净矿化速率逐步降低可能是由于微生物活动复苏导致的，本研究发现在室内培养条件下火干扰后上层和下层土壤 pH、土壤有效磷、土壤速效钾均显著升高，土壤 pH 的升高和土壤速效养分的增加为土壤微生物活动创造了有利的条件(Fenn et al.，1993；Jiménez-Compán et al.，2015)。本研究中火干扰引起上层土壤微生物量增加，火干扰后上层土壤 MBC 和 MBN 分别增加了约 54%和 19%。火干扰后 0～3 天土壤微生物开始复苏，火干扰后土壤中含有大量的无机氮，导致土壤微生物活动开始增加，火干扰后上层土壤 0～3 天以矿化作用为主，随着土壤中无机氮含量的不断消耗，土壤无机氮含量和净矿化速率开始下降。以往利用水淹培养法测定土壤有机氮矿化研究发现，培养前期土壤无机氮含量往往会迅速积累并达到峰值，后期会逐渐降低，并伴随着土壤无机氮及其组分的降低(李慧琳等，2008)。这说明在培养初期，土壤铵化微生物起主导作用，随后被其他土壤微生物取代，随着土壤微生物的迅速繁殖，土壤中无机氮被不断消耗，最终导致土壤微生物的固持作用强于矿化作用(李世清等，2003；金相灿等，2006)。本研究中室内培养条件下火干扰后净矿化速率与 0～10 cm 和 10～20 cm 土壤 MBN 及土壤 MBC 呈显著负相关关系。再一次证明，在室内培养条件下随着土壤微生物量的增加，土壤净矿化速率降低。本研究中，在室内、恒温恒湿条件下，火干扰后上层土壤净矿化速率与上层土壤速效钾、土壤 MBN 和土壤 MBC 呈显著负相关关系，火干扰后下层土壤净矿化速率与 MBN 和 MBC 呈显著负相关关系，这说明在室内培养条件下火干扰后速效元素与土壤微生物活动是调控火干扰后土壤净矿化速率的主要因素。因此，火干扰后土壤微生物活动在土壤氮矿化速率恢复过程中所起的作用不应该被忽视。

8.4 结论性评述

火干扰后森林生态系统中土壤微生物活动和土壤氮的矿化变化十分复杂，由于火干扰后植被生长对氮素的吸收、火干扰后氮元素的挥发以及无机氮通过雨水淋溶作用进入到生态系统等野外自然因素的影响，很难解释火干扰后土壤氮矿化速率变化的机理。本节利用室内水淹培养法对火干扰后土壤氮矿化以及在恒温恒湿培养条件下土壤氮矿化的影响因素进行系统的研究，本研究结果将为火干扰后野外条件下土壤氮矿化研究提供补充。具体研究结果如下。

(1)室内培养条件下，火干扰后上层和下层土壤 pH、土壤有效磷、土壤速效钾均显著升高。

(2)室内培养条件下火干扰引起上层土壤微生物量增加，火干扰后上层土壤 MBC 和 MBN 分别增加了约 54%和 19%。火干扰后上层和下层土壤无机氮含量与土壤 MBN 呈显著正相关关系，与土壤净矿化速率呈显著负相关关系。

(3)室内培养条件下火干扰后上层土壤无机氮及其组分含量增加，火干扰后上层土壤铵态氮、硝态氮、无机氮含量分别增加了约 40%、27%、34%。在整个室内培养期间，火干扰后上层土壤无机氮含量在 0～3 天内呈增长趋势，从第 6～50 天呈逐步降低的变化趋势，这说明火干扰后上层土壤 0～3 天土壤以矿化作用为主，6～50 天以固持作用为主。室内培养条件下，火干扰后 3～6 天是上层土壤矿化与固持转换的时间点。

(4) 室内培养条件下，在 0～3 天培养时火干扰后上层和下层土壤净矿化速率均显著升高，其中上层土壤净铵化速率、净硝化速率、净矿化速率在火干扰后分别增加了约 1.7 倍、14.7 倍、2.4 倍。但到培养结束第 50 天时，火烧样地上层和下层土壤净矿化速率与火干扰前不存在显著差异。

(5) 在室内恒温恒湿培养条件下，火干扰后上层土壤净矿化速率与上层土壤速效钾、土壤 MBN 和土壤 MBC 呈显著负相关关系，火干扰后下层土壤净矿化速率与土壤 MBN 和土壤 MBC 呈显著负相关关系。

第9章 结 论

大兴安岭地区高纬度北方针叶林生态系统是我国森林火灾高发频发区域，火干扰对森林生态系统的影响有许多不确定性因素，这些不确定因素主要来自森林火灾火行为的异质性、森林火灾的持续时间、火强度和火干扰后森林内部小气候的变化，这些因素能够显著影响火干扰后氮循环过程，并且这种影响会在火干扰后持续数年之久。以往火干扰对土壤氮矿化速率的影响多集中于火干扰后短期、低强度火灾和非针叶林森林生态系统(草地、灌丛、阔叶混交林等生态系统)，这为研究区域氮循环变化带来许多不确定性，本研究系统深入地探究了火干扰对土壤氮的有效性的影响，初步总结出火干扰后土壤微生物生物量氮固持及土壤氮矿化速率的长期变化规律、火干扰后不同恢复方式对土壤氮的有效性的影响，以及在室内培养条件下火干扰后土壤氮的有效性的变化规律。具体结果如下。

(1)火干扰后 3 年、9 年上层凋落物质量剩余年均值分别比对照样地低 4.36%和 4.13%，火干扰 28 年比对照样地高 5.93%。火干扰后 3 年、9 年下层凋落物质量剩余年均值分别比对照样地低 1.33%和 5.81%，火干扰 28 年比对照样地高 0.03%。火干扰 3 年和 9 年上层和下层凋落物均表现出剩余质量小于未火烧样地，而火干扰 28 年时则表现出相反趋势，差异均不显著。

(2)N、P 随着分解速率 k 的增大而降低。C/N 和 C/P 随着分解系数 k 的增加而增加。通过凋落物 CNP 及其比例的冗余分析解释分解速率 k 的变化结果表明：对照样地中，RDA1、RDA2 分别解释了 71.33%和 27.82%。火烧样地中，RDA1、RDA2 分别解释了 62.84%和 36.38%。C/N 和 C/P 变化与 k 呈正相关，N、P 变化与 k 呈负相关。C/N 和 C/P 对 k 的解释度最高，火干扰后增强了 C/N 对 k 的解释度，减弱了 C/P 对 k 的解释度。

(3)火干扰后上层土壤 MBN 在火干扰后 3 年后没有显著变化，在火干扰后 3~9 年间上层土壤 MBN 呈显著下降趋势，到火干扰后 28 年，上层土壤 MBN 基本恢复到火干扰前水平。火干扰后下层土壤 MBN 在火干扰后 3 年后呈显著上升趋势，从火干扰后 9 年开始到火干扰后 28 年下层土壤 MBN 基本恢复到火干扰前的水平。与对照样地相比，不同年限火烧样地上层和下层土壤 M_{CN} 平均值变化幅度更小，更加稳定。火干扰后 9 年和 28 年火烧样地上层土壤 MBN 与土壤 R_{min} 均具有显著相关性，并且回归决定系数均高于相应对照样地，其变化范围为 0.48~0.51。

(4)火干扰后不同的恢复时期影响土壤 MBN 的影响因素不同，火干扰后 3 年火烧样地内影响上层土壤 MBN 的主要影响因素是土壤 pH，在火干扰后 9 年样地内影响上层土壤 MBN 的主要影响因素是土壤含水率和土壤有效磷，在火干扰后 28 年样地内影响上层土壤 MBN 的主要影响因素是土壤有效磷和土壤速效钾。

(5)火干扰后 3 年、9 年、28 年上层土壤无机氮含量分别降低了约 6%、21%、23%，火干扰后 3 年、9 年、28 年下层土壤无机氮含量分别降低了约 11%、25%、8%。火干扰后 3 年样地上层土壤 R_{min} 显著升高，火干扰后 9 年样地上层土壤 R_{min} 下降了约 26%，火干扰后 28 年上层土壤 R_{min} 基本恢复到火干扰前的水平。下层土壤 R_{min} 在火干扰后 3 年、9 年、28 年并没有显著变化，这说明下层土壤 R_{min} 对火烧响应并没有上层土壤那么显著。

(6)在火干扰后 3 年样地中控制上层土壤 R_{min} 变化的主要影响因子是土壤 AP 和 AK，在火干扰后 9 年样地中控制上层土壤 R_{min} 的主要影响因子是 SWC、AP、MBN 和 MBC，在火干扰后 28 年样地中控制上层土壤 R_{min} 的主要影响因子是 SWC、AP、MBN。这说明控制火干扰后 3 年上层土壤 R_{min} 的主要是土壤速效养分元素，从火干扰后 9 年到 28 年，上层土壤 R_{min} 受到土壤含水率、速效养分元素和土壤微生物活动共同影响。

(7)与人工恢复方式相比，火干扰后自然恢复方式更加有利于土壤氮的有效性的恢复。自然恢复方式上层和下层土壤 MBN 比人工恢复方式上层和下层土壤 MBN 分别高约 44%和 28%。自然恢复方式上层土壤 NH_4^+-N、NO_3^--N 和无机氮含量分别比人工恢复方式高约 70%、29%、67%。自然恢复方式下层土壤 NH_4^+-N、NO_3^--N 和无机氮含量分别比人工恢复方式高约 35%、6%、34%。自然恢复方式上层土壤 R_{min} 是人工恢复方式上层土壤 R_{min} 的 3.6 倍。

(8)自然恢复方式有利于森林生物多样性的恢复，火干扰后自然恢复方式有利于豆科植物的恢复，火干扰后自然恢复条件下豆科植物的恢复和土壤 MBN 的增加可能是引起土壤 R_{min} 增加的主要原因。

(9)室内培养条件下火干扰引起上层土壤微生物量增加，火干扰后上层土壤 MBC 和 MBN 分别增加了约 54%和 19%。火干扰后上层和下层土壤无机氮含量与土壤 MBN 呈显著正相关关系，与土壤净矿化速率呈显著负相关关系。

(10)室内培养条件下火干扰后上层土壤无机氮及其组分含量增加，火干扰后上层土壤铵态氮、硝态氮、无机氮含量分别增加了约 40%、27%、34%。在整个室内培养期间，火干扰后上层土壤无机氮含量在 0～3 天内呈增长趋势，在 6～50 天呈逐步降低的变化趋势，这说明火干扰后上层土壤 0～3 天土壤以矿化作用为主，6～50 天以固持作用为主。室内培养条件下，火干扰后 3～6 天是上层土壤矿化与固持转换的时间点。

(11)室内培养条件下，在 0～3 天培养时火干扰后上层和下层土壤 R_{min} 均显著升高，其中上层土壤 R_{amm}、R_{nit}、R_{min} 在火干扰后分别增加了 1.7 倍、14.7 倍、2.4

倍。但到培养结束第 50 天时，火烧样地上层和下层土壤净矿化速率与火干扰前无显著差异。

（12）在室内恒温恒湿培养条件下，火干扰后上层土壤 R_{min} 与上层土壤 AP、土壤 MBN 和土壤 MBC 呈显著负相关，火干扰后下层土壤 R_{min} 与土壤 MBN 和 MBC 呈显著负相关关系。这说明在室内培养条件下土壤净矿化速率主要受到土壤速效钾和微生物活动影响。

参 考 文 献

安俊岭, 李颖, 汤宇佳, 等. 2014. HONO 来源及其对空气质量影响研究进展. 中国环境科学, 34(2): 273-281.

白爱芹, 傅伯杰, 曲来叶, 等. 2012. 大兴安岭火烧迹地恢复初期土壤微生物群落特征. 生态学报, 32(15): 4762-4771.

布仁图雅, 姜慧敏. 2014. 三种重要值计算方法的比较分析. 环境与发展, 26(6): 64-67.

卜涛, 张水奎, 宋新章, 等. 2013. 几个环境因子对凋落物分解的影响. 浙江农林大学学报, 30(5): 740-747.

蔡贵信, 张绍林, 朱兆良. 1979. 测定稻田土壤氮素矿化过程的淹水密闭培养法的条件试验. 土壤, (6): 234-240.

陈朝勋, 席琳乔, 姚拓, 等, 2005. 生物固氮测定方法研究进展. 草原与草坪, (2): 24-26.

陈洪连, 张彦东, 孙海龙, 等. 2015. 东北温带次生林采伐干扰对土壤氮矿化的影响. 生态与农村环境学报, 31(1): 88-93.

陈立新. 2005. 土壤实验实习教程. 哈尔滨: 东北林业大学出版社.

陈珊, 张常钟. 1995. 东北羊草草原土壤微生物生物量的季节变化及其与土壤生境的关系. 生态学报, 15(1): 91-94.

陈祥伟, 陈立新, 刘伟琦. 1999. 不同森林类型土壤氮矿化的研究. 东北林业大学学报, 27(1): 6-10.

陈翔. 2014. 模拟氮沉降对兴安落叶松凋落物养分释放动态的影响研究. 呼和浩特: 内蒙古农业大学硕士学位论文.

程飞. 2015. 秦岭火地塘林区主要森林类型微生物群落特征研究. 杨凌: 西北农林科技大学博士学位论文.

春蕾, 周梅, 赵鹏武, 等. 2015. 模拟氮沉降对兴安落叶松林腐殖质层微生物数量及酶活性的影响. 内蒙古农业大学学报(自然科学版), 36(2): 64-68.

邓仁菊, 杨万勤, 吴福忠. 2009. 季节性冻融对岷江冷杉和白桦凋落物酶活性的影响. 应用生态学报, 20(5): 1026-1031.

窦荣鹏. 2010. 亚热带 9 种主要森林植物凋落物的分解及碳循环对全球变暖的响应. 杭州: 浙江农林大学硕士学位论文.

方运霆, 莫江明, 周国逸. 2005. 离子交换树脂袋法研究森林土壤硝态氮及其对氮沉降增加的响应. 生态环境, 14(4): 483-487.

郭剑芬. 2006. 皆伐火烧对杉木林和栲树林碳、氮动态的影响. 厦门: 厦门大学博士学位论文.

韩晓日, 邹德乙, 郭鹏程, 等. 1996. 长期施肥条件下土壤生物量氮的动态及其调控氮素营养的作用. 植物营养与肥料学报, 2(1): 16-22.

贺纪正, 张丽梅. 2013. 土壤氮素转化的关键微生物过程及机制. 微生物学通报, 40(1): 98-108.

和润莲. 2015. 季节性雪被对高山林线交错带凋落物分解过程中中小型土壤动物多样性的影响. 雅安: 四川农业大学硕士学位论文.

洪丕征. 2015. 氮添加对南亚热带不同树种人工幼龄林土壤温室气体排放和微生物群落结构的影响. 北京: 中国林业科学研究院博士学位论文.

胡海清. 2005. 林火生态与管理. 北京: 中国林业出版社.

胡海清, 李莹, 张冉, 等. 2015. 火干扰对小兴安岭两种典型林型土壤养分和土壤微生物生物量的影响. 植物研究, 35(1): 101-109.

胡海清, 魏书精, 孙龙. 2012. 1965-2010 年大兴安岭森林火灾碳排放的估算研究. 植物生态学报, 36(7): 629-644.

胡嵩, 张颖, 史荣久, 等. 2013. 长白山原始红松林次生演替过程中土壤微生物生物量和酶活性变化. 应用生态学报, 24(2): 366-372.

胡同欣, 胡海清, 孙龙. 2018. 中度火干扰对兴安落叶松林土壤呼吸的影响. 生态学报, 38(8): 2915-2924.

胡雯, 张涛, 廖先燕, 等. 2012. 地下煤火不同燃烧阶段上覆土壤微生物群落功能多样性. 新疆农业科学, 49(3): 515-522.

黄思光, 李世清, 张兴昌, 等. 2005. 土壤微生物体氮与可矿化氮关系的研究. 水土保持学报, 19(4): 18-22.

金相灿, 崔哲, 王圣瑞. 2006. 连续淹水培养条件下沉积物和土壤的氮素矿化过程. 土壤通报, 37(5): 909-915.

巨晓棠, 李生秀. 1997. 培养条件对土壤氮素矿化的影响. 西北农业学报, 6(2): 64-67.

孔健健, 杨健. 2013. 火烧对中国东北部兴安落叶松林土壤性质和营养元素有效性的影响. 生态学杂志, 32(11): 2837-2843.

孔健健, 杨健. 2014. 火干扰对北方针叶林土壤环境的影响. 土壤通报, 45(2): 291-296.

冷海楠, 张玉, 崔福星, 等. 2016. 森林凋落物研究进展. 国土与自然资源研究, (6): 87-89.

李贵才, 韩兴国, 黄建辉, 等. 2001. 森林生态系统土壤氮矿化影响因素研究进展. 生态学报, 21(7): 1187-1195.

李慧琳, 韩勇, 蔡祖聪. 2008. 太湖地区水稻土有机氮厌氧矿化的温度效应. 生态环境, 17(3): 1210-1215.

李世清, 吕丽红, 付会芳, 等. 2003. 土壤氮素矿化过程中非交换铵态氮的变化. 中国农业科学, 36(6): 663-670.

李香真, 曲秋皓. 2002. 蒙古高原草原土壤微生物量碳氮特征. 土壤学报, 39(1): 91-98.

李志安, 翁轰, 余作岳. 1995. 人工林对土壤氮矿化的影响. 植物学报, 12(S2): 142-148.

李志安, 邹碧, 丁永祯, 等. 2004. 森林凋落物分解重要影响因子及其研究进展. 生态学杂志, 23(6): 77-83.

李志杰, 杨万勤, 岳楷, 等. 2017. 温度对川西亚高山3种森林土壤氮矿化的影响. 生态学报, 37(12): 4045-4052.

立天宇. 2015. 辽河源森林土壤微生物特性对凋落物组分变化的响应. 北京: 北京林业大学硕士学位论文.

梁德飞. 2016. 凋落物质量、土壤动物和牛粪添加对青藏高原高寒草甸凋落物分解的影响. 兰州: 兰州大学博士学位论文.

林波, 刘庆, 吴彦, 等. 2004. 森林凋落物研究进展. 生态学杂志, 23(1): 60-64.

林英华, 卢萍, 赵鲁安, 等. 2016. 大兴安岭森林沼泽类型与火干扰对土壤微生物群落影响. 林业科学研究, 29(1): 93-102.

刘宝东. 2006. 实验室培养条件下森林暗棕壤的氮矿化特征. 哈尔滨: 东北林业大学硕士学位论文.

刘碧荣, 王常慧, 张丽华, 等. 2015. 氮素添加和刈割对内蒙古弃耕草地土壤氮矿化的影响. 生态学报, 35(19): 6335-6343.

刘春艳. 2016. 室内培养条件下南方稻田土壤氮素矿化特征的研究. 哈尔滨: 东北农业大学博士学位论文.

刘纯, 刘延坤, 金光泽. 2014. 小兴安岭6种森林类型土壤微生物量的季节变化特征. 生态学报, 34(2): 451-459.

刘发林. 2017. 模拟火干扰对森林土壤微生物活性及氮矿化的影响. 生态学报, 37(7): 2188-2196.

刘育红, 吕军. 2005. 稻田土壤氮素矿化的几种方法比较. 土壤通报, 36(5): 37-40.

刘远. 2014. 模拟气候变化条件下稻麦轮作水稻土土壤微生物群落结构和活性的变化. 南京: 南京农业大学博士学位论文.

卢俊培, 刘其汉. 1989. 海南岛尖峰岭热带林凋落叶分解过程的研究. 林业科学研究, 2(1): 25-33.

卢妮妮, 张鹏, 徐雪蕾, 等. 2017. 杉木林地土壤微生物研究进展. 世界林业研究, 30(5): 8-12.

吕瑞恒, 李国雷, 刘勇, 等. 2012. 不同立地条件下华北落叶松叶凋落物的分解特性. 林业科学, 48(2): 31-37.

孟盈, 薛敬意, 沙丽清. 2001. 西双版纳不同热带森林下土壤铵态氮和硝态氮动态研究. 植物生态学报, 25(1): 99-104.

聂兰琴, 吴琴, 尧波, 等. 2016. 鄱阳湖湿地优势植物叶片-凋落物-土壤碳氮磷化学计量特征. 生态学报, 36(7): 1898-1906.

欧阳学军, 黄忠良, 周国逸, 等. 2003. 鼎湖山南亚热带森林群落演替对土壤化学性质影响的累积效应研究. 水土保持学报, 17(4): 51-54.

彭少麟, 刘强. 2002. 森林凋落物动态及其对全球变暖的响应. 生态学报, 22(9): 1534-1544.

秦可珍. 2015. 林火对兴安落叶松林土壤微生物及酶活性的影响研究. 呼和浩特: 内蒙古农业大学博士学位论文.

邱尔发, 陈卓梅, 郑郁善, 等. 2005. 麻竹山地笋用林凋落物发生、分解及养分归还动态. 应用生态学报, 16(5): 811-814.

仇少君, 彭佩钦, 刘强, 等. 2006. 土壤微生物生物量氮及其在氮素循环中作用. 生态学杂志, 25(4): 443-448.

任乐, 马秀枝, 李长生. 2014. 林火干扰对土壤性质及温室气体通量的影响. 生态学杂志, 33(2): 502-509.

沙丽清, 孟盈, 冯志立, 等. 2000. 西双版纳不同热带森林土壤氮矿化和硝化作用研究. 植物生态学报, 24(2): 152-156.

宋利臣, 何平平, 崔晓阳. 2015. 重度林火对大兴安岭土壤生境因子的影响. 生态学杂志, 34(7): 1809-1814.

宋飘. 2013. 中亚热带森林生态系统中不同人为干扰对凋落物分解的影响. 长春: 东北师范大学硕士学位论文.

孙彩丽. 2017. 根际微生物对植物竞争和水分胁迫的响应机制. 杨凌: 西北农林科技大学博士学位论文.

孙龙, 赵俊, 胡海清. 2011. 中度火干扰对白桦落叶松混交林土壤理化性质的影响. 林业科学, 47(2): 103-110.

孙毓鑫, 吴建平, 周丽霞, 等. 2009. 广东鹤山火烧迹地植被恢复后土壤养分含量变化. 应用生态学报, 20(3): 513-517.

陶玉柱. 2014. 火对塔河森林土壤微生物及酶活性的干扰作用. 哈尔滨: 东北林业大学博士学位论文.

陶玉柱, 邸雪颖. 2013. 火对森林土壤微生物群落的干扰作用及其机制研究进展. 林业科学, 49(11): 146-157.

王凤友. 1989. 森林凋落量研究综述. 生态学进展, 6(2): 82-89.

王海淇, 郭爱雪, 邸雪颖. 2011. 大兴安岭林火点烧对土壤有机碳和微生物量碳的即时影响. 东北林业大学学报, 39(5): 72-76.

王其兵, 李凌浩, 白永飞, 等. 2000. 气候变化对草甸草原土壤氮素矿化作用影响的实验研究. 植物生态学报, 24(6): 687-692.

王淑平, 周广胜, 孙长占, 等. 2003. 土壤微生物量氮的动态及其生物有效性研究. 植物营养与肥料学报, 9(1): 87-90.

王相娥, 薛立, 谢腾芳. 2009. 凋落物分解研究综述. 土壤通报, 40(6): 1473-1478.

王谢, 向成华, 李贤伟, 等. 2014. 冬季火对川西亚高山草地土壤微生物功能多样性及其强度的短期影响. 植物生态学报, 38(5): 468-476.

王振海. 2016. 长白山针叶林凋落物分解及土壤动物在凋落物分解和元素释放中的作用. 长春: 东北师范大学博士学位论文.

文汲, 闫文德, 刘益君, 等. 2015. 施氮对亚热带樟树人工林土壤氮矿化的影响. 中南林业科技大学学报, 35(5): 103-108.

许鹏波, 屈明, 薛立. 2013. 火对森林土壤的影响. 生态学杂志, 32(6): 1596-1606.

杨新芳, 鲍雪莲, 胡国庆, 等. 2016. 大兴安岭不同火烧年限森林凋落物和土壤 C、N、P 化学计量特征. 应用生态学报, 27(5): 1359-1367.

杨玉盛, 李振问, 杨伦增. 1992. 林火对森林生态系统氮素循环影响(综述). 福建林学院学报, 12(1): 105-111.

游水生, 张志翔, 李如泽, 等. 1998. 福建武平帽布米槠林火烧后植物种类变化的研究 II.火干扰前后重要值和物种多样性变化. 福建林学院学报, 18(1): 65-68.

于成德. 2016. 中国北方半干旱草原土壤微生物对全球变化的响应. 郑州: 河南大学博士学位论文.

张金屯. 1998. 全球气候变化对自然土壤碳、氮循环的影响. 地理科学, 18(5): 72-80.

张坤, 包维楷, 杨兵, 等. 2017. 林下植被对土壤微生物群落组成与结构的影响. 应用与环境生物学报, 23(6): 1178-1184.

张敏. 2002. 林火对土壤环境影响的研究. 哈尔滨: 东北林业大学博士学位论文.

张敏, 胡海清. 2002. 林火对土壤微生物的影响. 东北林业大学学报, 30(4): 44-46.

赵鹏武. 2009. 大兴安岭兴安落叶松林凋落物动态与养分释放规律研究. 呼和浩特: 内蒙古农业大学硕士学位论文.

郑路, 卢立华. 2012. 我国森林地表凋落物现存量及养分特征. 西北林学院学报, 27(1): 63-69.

郑琼, 崔晓阳, 邸雪颖, 等. 2012. 不同林火强度对大兴安岭偃松林土壤微生物功能多样性的影响. 林业科学, 48 (5):
　　95-100.

周才平, 欧阳华. 2001. 温度和湿度对长白山两种林型下土壤氮矿化的影响. 应用生态学报, 12 (4): 505-508.

周才平, 欧阳华, 刘金福. 2001. 温度和湿度对暖温带落叶阔叶林土壤氮矿化的影响. 植物生态学报, 25 (2): 204-209.

周才平, 欧阳华, 裴志永, 等. 2003. 中国森林生态系统的土壤净氮矿化研究. 植物生态学报, 27 (2): 170-176.

周道玮, 岳秀泉, 孙刚, 等. 1999. 草原火烧后土壤微生物的变化. 东北师大学报 (自然科学), (1): 118-124.

周建斌, 陈竹君, 李生秀. 2001. 土壤微生物生物量氮含量、矿化特性及其供氮作用. 生态学报, 21 (10): 1718-1725.

周晶. 2017. 长期施氮对东北黑土微生物及主要氮循环菌群的影响. 北京: 中国农业大学博士学位论文.

周智彬, 李培军. 2003. 塔克拉玛干沙漠腹地人工绿地土壤中微生物的生态分布及其与土壤因子间的关系. 应用生
　　态学报, 14 (8): 1246-1250.

周志华, 肖化云, 刘丛强. 2004. 土壤氮素生物地球化学循环的研究现状与进展. 地球与环境, 32 (3-4): 21-26.

朱兆良. 1979. 土壤中氮素的转化和移动的研究近况. 土壤学进展, 7 (2): 1-16.

Achyut A. 2010. Spatial habitat overlap and habitat preference of Himalayan musk deer (*Moschus chrysogaster*) in
　　Sagarmatha (Mt. Everest) national park. Curr Res J Biol Sci, 2 (3): 217-225.

Adams M A, Attiwill P M. 1986. Nutrient cycling and nitrogen mineralization in eucalypt forests of south-eastern
　　Australia: I. Nutrient cycling and nitrogen turnover. Plant Soil, 92 (3): 341-362.

Adams M A, Attiwill P M. 1991. Nutrient balance in forests of northern Tasmania. 2. Alteration of nutrient availability and
　　soil-water chemistry as a result of logging, slash-burning and fertilizer application. For Ecol Manage, 44 (2-4):
　　115-131.

Aerts R, Caluwe H D. 1997. Nutritional and plant-mediated controls on leaf litter decomposition of carex species.
　　Ecology, 78 (1): 244-260.

Alexander R B, Johnes P J, Boyer E W, et al. 2002. A comparison of models for estimating the riverine export of nitrogen
　　from large watersheds. Biogeochemistry, 57 (1): 295-339.

Amani M, Graca M A S, Ferreira V. 2019. Effects of elevated atmospheric CO_2 concentration and temperature on litter
　　decomposition in streams: A meta-analysis. Int Rev Hydrobiol, 104 (1-2): 14-25.

Andersen R, Chapman S J, Artz R R E. 2013. Microbial communities in natural and disturbed peatlands: A review. Soil
　　Biol Biochem, 57: 979-994.

Anderson J P E, Domsch K H. 1975. Measurement of bacterial and fungal contributions to respiration of selected
　　agricultural and forest soils. Can J Microbiol, 21 (3): 314-322.

Anderson J P E, Domsch K H. 2006. Quantities of plant nutrients in the microbial biomass of selected soils. Soil Sci,
　　171 (4): 211-216.

An H, Tang Z, Keesstra S, et al. 2019. Impact of desertification on soil and plant nutrient stoichiometry in a desert
　　grassland. Sci Rep, 9 (1): 9422.

Aranibar J N, Macko S A, Anderson I C, et al. 2003. Nutrient cycling responses to fire frequency in the Kruger National
　　Park (South Africa) as indicated by stable isotope analysis. Isotopes Environ Health Stud, 39 (2): 141-158.

Arianoutsou M, Thanos C A. 1996. Legumes in the fire-prone Mediterranean regions: An example from Greece. Int J
　　Wildland Fire, 6 (2): 77-82.

Arno S F. 1980. Forest fire history in the Northern Rockies. J For, 8 (78): 460-465.

Arno S F, Harrington M G, Fiedler C E, et al. 1995. Restoring fire-dependent ponderosa pine forests in western.
　　Restoration and Management Notes, 13 (1): 32-36.

Ascoli, D, Bovio G. 2013. Prescribed burning in Italy: A review of issues, advances and challenges. IForest, 6 (79): 89.

Auclerc A, Moine J M L, Hatton P J, et al. 2019. Decadal post-fire succession of soil invertebrate communities is dependent on the soil surface properties in a northern temperate forest. Sci Total Environ, 647: 1058-1068.

Badía D, Martí C. 2003. Effect of simulated fire on organic matter and selected microbiological properties of two contrasting soils. Arid Land Res Manage, 17(1): 55-69.

Baggs E M. 2011. Soil microbial sources of nitrous oxide: recent advances in knowledge, emerging challenges and future direction. Curr Opin Environ Sustain, 3(5): 321-327.

Bao T, Zhu R B, Li X L, et al. 2018. Effects of multiple environmental variables on tundra ecosystem respiration in maritime Antarctica. Sci Rep, 8(1): 12336.

Bastida F, Moreno J L, Hernández T, et al. 2007. The long-term effects of the management of a forest soil on its carbon content, microbial biomass and activity under a semi-arid climate. Appl Soil Ecol, 37(1-2): 53-62.

Bell R L, Dan B. 1989. Soil nitrogen mineralization and immobilization in response to periodic prescribed fire in a loblolly pine plantation. Can J For Res, 19(6): 816-820.

Bellen S V, Garneau M, Bergeron Y. 2010. Impact of climate change on forest fire severity and consequences for carbon stocks in boreal forest stands of Quebec, Canada: A synthesis. Fire Ecology, 6(3): 16-44.

Bengtsson J, Charlene J, Steven L C, et al. 2012. Litter decomposition in fynbos vegetation, South Africa. Soil Biol Biochem, 47: 100-105.

Binkley D, Hart S C. 1989. The components of nitrogen availability assessments in forest soils. Advances in Soil Sciences, 10: 57-112.

Blackburn T H. 1979. Method for measuring rates of NH_4^+ turnover in anoxic marine sediments, using a ^{15}N- NH_4^+ dilution technique. Appl Environ Microbiol, 37(4): 760-765.

Bladon K D, Silins U, Wagner M J, et al. 2008. Wildfire impacts on nitrogen concentration and production from headwater streams in southern Alberta's Rocky Mountains. Can J For Res, 38(9): 2359-2371.

Blagodatskaya E V, Anderson T H. 1998. Interactive effects of pH and substrate quality on the fungal-to-bacterial ratio and qCO_2 of microbial communities in forest soils. Soil Biol Biochem, 30(10-11): 1269-1274.

Boerner R E J. 1982. Fire and nutrient cycling in temperate ecosystems. BioScience, 32(3): 187-192.

Bogorodskaya A V, Ivanova G A, Tarasov P A. 2011. Post-fire transformation of the microbial complexes in soils of larch forests in the lower Angara River region. Eurasian Soil Sci, 44(1): 49-55.

Bollen G J. 1969. The selective effect of heat treatment on the microflora of a greenhouse soil. Eur J Plant Pathol, 75(1): 157-163.

Bonan G B. 1990. Carbon and nitrogen cycling in North American boreal forests. Biogeochemistry, 10(1): 1-28.

Boring L R, Swank W T, Waide J B, et al. 1988. Sources, fates, and impacts of nitrogen inputs to terrestrial ecosystems: Review and synthesis. Biogeochemistry, 6(2): 119-159.

Bowman D M J, Balch J K, Artaxo P, et al. 2009. Fire in the earth system. Science, 324(5926): 481-484.

Bradford M A, Berg B, Maynard D S, et al. 2016. Understanding the dominant controls on litter decomposition. J Ecol, 104(1): 229-238.

Bremer E, Kessel C V. 1990. Extractability of microbial ^{14}C and ^{15}N following addition of variable rates of labelled glucose and $(NH_4)_2SO_4$ to soil. Soil Biol Biochem, 22(5): 707-713.

Brennan K E C, Christie F J, York A. 2009. Global climate change and litter decomposition: More frequent fire slows decomposition and increases the functional importance of invertebrates. Glob Chang Biol, 15(12): 2958-2971.

Brödlin D, Kaiser K, Kessler A, et al. 2019. Drying and rewetting foster phosphorus depletion of forest soils. Soil Biol Biochem, 128: 22-34.

Brookes P C, Landman A, Pruden G, et al. 1985. Chloroform fumigation and the release of soil nitrogen: A rapid direct extraction method to measure microbial biomass nitrogen in soil. Soil Biol Biochem, 17(6): 837-842.

Brown J K, Smith J K. 2000. Wildland fire in ecosystems: Effects of fire on flora. Gen Tech Rep, RMRS-GTR-42-vol. 2 Ogden, UT: USDA Forest Service, Rocky Mountain Research Station: 257.

Bunn R A, Simpson D T, Bullington L S, et al. 2019. Revisiting the 'direct mineral cycling' hypothesis: Arbuscular mycorrhizal fungi colonize leaf litter, but why? ISME J, 13: 1891-1898.

Businger J A, Oncley S P. 1990. Flux measurement with condition sampling. J Atmos Ocean Technol, 7(2): 349-352.

Butler O M, Lewi T, Chen C. 2017. Fire alters soil labile stoichiometry and litter nutrients in Australian eucalypt forests. Int J Wildland Fire, 26(9): 783-788.

Butler O M, Tom L, Rashti M R, et al. 2019. The stoichiometric legacy of fire regime regulates the roles of micro-organisms and invertebrates in decomposition. Ecology, 100(7): e02732.

Caldwell T G, Johnson D W, Miller W W, et al. 2002. Forest floor carbon and nitrogen losses due to prescription fire. Soil Sci Soc Am J, 66(1): 262-267.

Casals P, Romanya J, Vallejo V R. 2005. Short-term nitrogen fixation by legume seedlings and resprouts after fire in Mediterranean old-fields. Biogeochemistry, 76(3): 477-501.

Certini G. 2005. Effects of fire on properties of forest soils: A review. Oecologia, 143(1): 1-10.

Chacón N, Dezzeo N. 2007. Litter decomposition in primary forest and adjacent fire-disturbed forests in the Gran Sabana, southern Venezuela. Biol Fertil Soils, 43(6): 815-821.

Chalk P M. 1985. Estimation of N_2 fixation by isotope dilution: An appraisal of techniques involving ^{15}N enrichment and their application. Soil Biol Biochem, 17(4): 389-410.

Chalk P M, He J Z, Peoples M B, et al. 2017. $^{15}N_2$ as a tracer of biological N_2 fixation: A 75-year retrospective. Soil Biol Biochem, 106: 36-50.

Chapin F S, Matson P A, Mooney H A. 2011. Principles of Terrestrial Ecosystem Ecology. New York: Springer.

Chave J, Navarrete D, Almeida S, et al. 2010. Regional and seasonal patterns of litterfall in tropical South America. Biogeosciences, 7(1): 43-55.

Chen Y M, Liu Y, Zhang J, et al. 2018. Microclimate exerts greater control over litter decomposition and enzyme activity than litter quality in an alpine forest-tundra ecotone. Sci Rep, 8(1): 14998.

Cheng X L, Luo Y Q, Su B, et al. 2011. Plant carbon substrate supply regulated soil nitrogen dynamics in a tallgrass prairie in the Great Plains, USA: Results of a clipping and shading experiment. J Plant Ecol, 4(4): 228-235.

Chergui H, Pattee E. 1990. The influence of season on the breakdown of submerged leaves. Arch Hydrobiol, 120(1): 1-12.

Choi K H, Dobbs F C. 1999. Comparison of two kinds of Biolog microplates (GN and ECO) in their ability to distinguish among aquatic microbial communities. J Microbiol Methods, 36(3): 203-213.

Choromanska U, DeLuca T H. 2002. Microbial activity and nitrogen mineralization in forest mineral soils following heating: Evaluation of post-fire effects. Soil Biol Biochem, 34(2): 263-271.

Chorover J, Vitousek P M, Everson D A, et al. 1994. Solution chemistry profiles of mixed-conifer forests before and after fire. Biogeochemistry, 26(2): 115-144.

Christensen N L. 1973. Fire and the nitrogen cycle in California chaparral. Science, 181(4094): 66-68.

Clemitshaw K C. 2004. A review of instrumentation and measurement techniques for ground-based and airborne field studies of gas-phase tropospheric chemistry. Crit Rev Environ Sci Technol, 34(1): 1-108.

Clemmensen K E, Finlay R D, Dahlberg A, et al. 2015. Carbon sequestration is related to mycorrhizal fungal community shifts during long-term succession in boreal forests. New Phytol, 205(4): 1525-1536.

Conant R T, Ryan M G, Ågren G I, et al. 2011. Temperature and soil organic matter decomposition rates–synthesis of current knowledge and a way forward. Glob Chang Biol, 17(11): 3392-3404.

Cornelissen J H C, Grootemaat S, Verheijen L M, et al. 2017. Are litter decomposition and fire linked through plant species traits? New Phytol, 216(3): 653-669.

Cornwell W K, Cornelissen J H C, Amatangelo K, et al. 2008. Plant species traits are the predominant control on litter decomposition rates within biomes worldwide. Ecol Lett, 11(10): 1065-1071.

Covington W W, Sackett S S. 1986. Effect of periodic burning on soil nitrogen concentrations in ponderosa pine. Soil Sci Soc Am J, 50(2): 452-457.

Covington W W, Sackett S S. 1992. Soil mineral nitrogen changes following prescribed burning in ponderosa pine. For Ecol Manage, 54(1-4): 175-191.

Dannenmann M, Willibald G, Sippel S, et al. 2011. Nitrogen dynamics at undisturbed and burned Mediterranean shrublands of Salento Peninsula, Southern Italy. Plant Soil, 343(1-2): 5-15.

Davies A B, Rensburg B J V, Eggleton P, et al. 2013. Interactive effects of fire, rainfall, and litter quality on decomposition in Savannas: Frequent fire leads to contrasting effects. Ecosystems, 16(5): 866-880.

Dearden F M, Dehlin Helena, Wardle D A, et al. 2006. Changes in the ratio of twig to foliage in litterfall with species composition, and consequences for decomposition across a long term chronosequence. Oikos, 115(3): 453-462.

DeBano L F, Neary D G, Ffolliott P F. 1998. Fire Effects on Ecosystems. New York: John Wiley and Sons Inc.

DeBano L F, Rice R M, Conrad C E. 1979. Soil heating in chaparral fires: Effects on soil properties, plant nutrients, erosion, and runoff. USDA Forest Service Research Paper PSW-145, 21.

Deka H K, Mishra R R. 1983. The effect of slash burning on soil microflora. Plant Soil, 73(2): 167-175.

DeLuca T H, MacKenzie M D, Gundale MJ, et al. 2006. Wildfire-produced charcoal directly influences nitrogen cycling in ponderosa pine forests. Soil Sci Soc Am J, 70(2): 448-453.

DeLuca T H, Sala A. 2006. Frequent fire alters nitrogen transformations in ponderosa pine stands of the inland northwest. Ecology, 87(10): 2511-2522.

DeLuca T H, Zouhar K L. 2000. Effects of selection harvest and prescribed fire on the soil nitrogen status of ponderosa pine forests. For Ecol Manage, 138(1-3): 263-271.

Deng Q, Cheng X L, Yang Y H, et al. 2014. Carbon–nitrogen interactions during afforestation in central China. Soil Biol Biochem, 69: 119-122.

Denmead O T. 1983. Micrometeorological methods for measuring gaseous losses of nitrogen in the field. In: Freney J R, Simpson J R. Gaseous loss of nitrogen from plant-soil systems. Leiden: Martinus Nijhoff Publishers: 133-157.

Diaz-Raviña M, Prieto A, Acea M J, et al. 1992. Fumigation-extraction method to estimate microbial biomass in heated soils. Soil Biol Biochem, 24(3): 259-264.

Dixon P. 2003. Vegan, a package of R functions for community ecology. J Veg Sci, 14(6): 927-930.

Doerr S H, Cerdà A. 2005. Fire effects on soil system functioning: New insights and future challenges. Int J Wildland Fire, 14(4): 339-342.

Don A, Arenhovel W, Jacob R, et al. 2007. Establishment success of 19 different tree species on afforestations-Results of a biodiversity experiment. Allg Forst- Jagdztg, 178(9): 164-172.

Dooley S R, Treseder K K. 2012. The effect of fire on microbial biomass: a meta-analysis of field studies. Biogeochemistry, 109(1-3): 49-61.

Doran J W, Paul E A, Clark F E. 1998. Soil microbiology and biochemistry. Journal of Range Management, 51(2): 254.

Dumontet S, Dinel H, Scopa A, et al. 1996. Post-fire soil microbial biomass and nutrient content of a pine forest soil from a dunal Mediterranean environment. Soil Biol Biochem, 28(10-11): 1467-1475.

Dunn P H, DeBano L F, Eberlein G E. 1979. Effects of burning on chaparral soils: Ⅱ. Soil microbes and nitrogen mineralization. Soil Sci Soc Am J, 43(3): 509-514.

Durán J, Rodríguez A, Méndez J, et al. 2019. Wildfires decrease the local-scale ecosystem spatial variability of *Pinus canariensis* forests during the first two decades post fire. Int J Wildland Fire, 28(4): 288-294.

Durán J, Rodríguez A, Fernández-Palacios J M. et al. 2009. Changes in net N mineralization rates and soil N and P pools in a pine forest wildfire chronosequence. Biol Fertil Soils 45: 781-788.

Dybzinski R, Fargione J E, Zak D R, et al. 2008. Soil fertility increases with plant species diversity in a long-term biodiversity experiment. Oecologia, 158(1): 85-93.

Echavarri-Bravo V, Paterson L, Aspray T J, et al. 2015. Shifts in the metabolic function of a benthic estuarine microbial community following a single pulse exposure to silver nanoparticles. Environ Pollut, 201: 91-99.

Elliott K J, Knoepp J D, Vose J M, et al. 2013. Interacting effects of wildfire severity and liming on nutrient cycling in a southern Appalachian wilderness area. Plant Soil, 366(1-2): 165-183.

Fenn M E, Poth M A, Dunn P H, et al. 1993. Microbial N and biomass, respiration and N mineralization in soils beneath two chaparral species along a fire-induced age gradient. Soil Biol Biochem, 25(4): 457-466.

Ficken C, Justin P W. 2017. Effects of fire frequency on litter decomposition as mediated by changes to litter chemistry and soil environmental conditions. PLoS One, 12(10): e0186292.

Fischer S G, Lerman L S. 1983. DNA fragments differing by single basepair substitutions are sparated in denaturing gradient gels: Correspondence with meilting theory. Proc Natl Acad Sci, 80(6): 1579-1583.

Fisk M C, Schmidt S K. 1995. Nitrogen mineralization and microbial biomass nitrogen dynamics in three alpine tundra communities. Soil Sci Soc Am J, 59(4): 1036-1043.

Foote J A, Boutton T W, Scott D A. 2015. Soil C and N storage and microbial biomass in US southern pine forests: Influence of forest management. For Ecol Manage, 355: 48-57.

Erisman T W, Hensen A, Fowler D, et al. 2001. Dry deposition monitoring in Europe. Water, Air, Soil Pollut: Focus, 1(5-6): 17-27.

Fowler D, Coyle M, Flechard C, et al. 2001. Advances in micrometeorological methods for the measurement and interpretation of gas and particle nitrogen fluxes. Plant Soil, 228(1): 117-129.

Friedel J K, Gabel D. 2001. Microbial biomass and microbial C: N ratio in bulk soil and buried bags for evaluating in situ net N mineralization in agricultural soils. J Plant Nutr Soil Sci, 164(6): 673-679.

Fulé P Z, Covington W W, Moore M M. 1997. Determining reference conditions for ecosystem management of southwestern ponderosa pine forests. Ecol Appl, 7(3): 895-908.

Gallant A L, Hansen A J, Councilman J S, et al. 2003. Vegetation dynamics under fire exclusion and logging in a Rocky Mountain watershed, 1856–1996. Ecol Appl, 13(2): 385-403.

García-Palacios P, Prieto I, Jean-Marc O, et al. 2016. Disentangling the litter quality and soil microbial contribution to leaf and fine root litter decomposition responses to reduced rainfall. Ecosystems, 19(3): 490-503.

Gartner T B, Cardon Z G. 2004. Decomposition dynamics in mixed-species leaf litter. Oikos, 104(2): 230-246.

Gartner T B, Treseder K K, Malcolm G M, et al. 2012. Extracellular enzyme activity in the mycorrhizospheres of a boreal fire chronosequence. Pedobiologia, 55(2): 121-127.

Gharajehdaghipour T, Roth J D, Fafard P M, et al. 2016. Arctic foxes as ecosystem engineers: increased soil nutrients lead to increased plant productivity on fox dens. Sci Rep, 6: 24020.

Glass D W, Johnson D W, Blank R R, et al. 2008. Factors affecting mineral nitrogen transformations by soil heating: A laboratory-simulated fire study. Soil Sci, 173(6): 387-400.

Goergen E M, Chambers J C. 2009. Influence of a native legume on soil N and plant response following prescribed fire in sagebrush steppe. Int J Wildland Fire, 18(6): 665-675.

González-Pérez J A, González-Vila F J, Almendros G, et al. 2004. The effect of fire on soil organic matter—a review.

Environ Int, 30(6): 855-870.

Gosling P. 2005. Facilitation of *Urtica dioica* colonisation by *Lupinus arboreu*s on a nutrient-poor mining spoil. Plant Ecol, 178(2): 141-148.

Grady K C, Hart S C. 2006. Influences of thinning, prescribed burning, and wildfire on soil processes and properties in southwestern ponderosa pine forests: A retrospective study. For Ecol Manage, 234(1-3): 123-135.

Grigal D F, McColl J G. 1977. Litter decomposition following forest fire in northeastern Minnesota. J Appl Ecol, 14(2): 531-538.

Grogan P, Bruns T D, Chapin III F S. 2000. Fire effects on ecosystem nitrogen cycling in a Californian bishop pine forest. Oecologia, 122(4): 537-544.

Guerrero C, Mataix-Solera J, Gómez I, et al. 2005. Microbial recolonization and chemical changes in a soil heated at different temperatures. Int J Wildland Fire, 14(4): 385-400.

Gui H, Hyde K H, Xu J C, et al. 2017. Arbuscular mycorrhiza enhance the rate of litter decomposition while inhibiting soil microbial community development. Sci Rep, 7: 42184.

Guinto D, Xu Z H, Saffigna P G, et al. 2001. Soil chemical properties and forest floor nutrients under repeated prescribed-burning in Eucalypt forests of south-east Queensland, Australia. N Z J For Sci, 31(2): 170-187.

Gundale M J. 2005. Nitrogen cycling and spatial heterogeneity following fire and restoration treatments in the ponderosa pine/douglas-fir ecosystem. Montan: Thesis(Ph. D.)of University of Montana, Missoula.

Güsewell S, Gessner M O. 2009. N: P ratios influence litter decomposition and colonization by fungi and bacteria in microcosms. Funct Ecol, 23(1): 211-219.

Hamman S T, Burke I C, Stromberger M E. 2007. Relationships between microbial community structure and soil environmental conditions in a recently burned system. Soil Biol Biochem, 39(7): 1703-1711.

Han H J, Allan J D, Scavia D, et al. 2009. Influence of climate and human activities on the relationship between watershed nitrogen input and river export. Environ Sci Technol, 43(6): 1916-1922.

Hart S C, DeLuca T H, Newman G S, et al. 2005. Post-fire vegetative dynamics as drivers of microbial community structure and function in forest soils. For Ecol Manage, 220(1-3): 166-184.

Hättenschwiler S, Tiunov A, Scheu S. 2005. Biodiversity and litter decomposition interrestrial ecosystems. Annu Rev Ecol Evol Syst, 36(1): 191-218.

Hebel C L, Smith J E, Cromack K. 2009. Invasive plant species and soil microbial response to wildfire burn severity in the Cascade Range of Oregon. Appl Soil Ecol, 42(2): 150-159.

Héon J, Arseneault D, Parisien M A. 2014. Resistance of the boreal forest to high burn rates. PNAS, 111(38): 13888-13893.

Hernández D L, Hobbie S E. 2008. Effects of fire frequency on oak litter decomposition and nitrogen dynamics. Oecologia, 158(3): 535-543.

Hernández E, Questad E J, Meyer W M, et al. 2019. The effects of nitrogen deposition and invasion on litter fuel quality and decomposition in a Stipa pulchra grassland. J Arid Environ, 162: 35-44.

Hicks L C, Meir P, Nottingham A T, et al. 2019. Carbon and nitrogen inputs differentially affect priming of soil organic matter in tropical lowland and montane soils. Soil Biol Biochem, 129: 212-222.

Hill M O. 1973. Diversity and evenness: a unifying notation and its consequences. Ecology, 54(2): 427-432.

Hilli S, Stark S, Derome J. 2010. Litter decomposition rates in relation to litter stocks in boreal coniferous forests along climatic and soil fertility gradients. Appl Soil Ecol, 46(2): 200-208.

Hobbie S E, Schimel J P, Trumbore S E, et al. 2010. Controls over carbon storage and turnover in high-latitude soils. Glob Chang Biol, 6(S1): 196-210.

Hobbs N T, Schimel D S. 1984. Fire effects on nitrogen mineralization and fixation in mountain shrub and grassland communities. J Range Manage, 37(5): 402-405.

Högberg P. 1997. Tansley review no. 95: ^{15}N natural abundance in soil–plant systems. New Phytol, 137(2): 179-203.

Holden S R, Gutierrez A, Treseder K K. 2013. Changes in soil fungal communities, extracellular enzyme activities, and litter decomposition across a fire chronosequence in Alaskan boreal forests. Ecosystems, 16(1): 34-46.

Hu T X, Hu H Q, Li F, et al. 2019. Long-term effects of post-fire restoration types on nitrogen mineralisation in a Dahurian larch (Larix gmelinii) forest in boreal China. Sci Total Environ, 679: 237-247.

Hu T X, Sun L, Hu H Q, et al. 2017. Effects of fire disturbance on soil respiration in the non-growing season in a Larix gmelinii forest in the Daxing'an Mountains, China. PLoS One, 12(6): e0180214.

Huang J Y, Wang P, Niu Y B, et al. 2018. Changes in C:N:P stoichiometry modify N and P conservation strategies of a desert steppe species Glycyrrhiza uralensis. Sci Rep, 8(1): 12668.

Hulugalle N R, Strong C, McPherson K, et al. 2017. Carbon, nitrogen and phosphorus stoichiometric ratios under cotton cropping systems in Australian Vertisols: A meta-analysis of seven experiments. Nutr Cycl Agroecosyst, 107(3): 357-367.

Hume A, Chen H Y H, Taylor A R, et al. 2016. Soil C:N:P dynamics during secondary succession following fire in the boreal forest of central Canada. For Ecol Manage, 369: 1-9.

Hungate B A, Dukes J S, Shaw M R, et al. 2003. Nitrogen and climate change. Science, 302(5650): 1512-1513.

Hyodo F, Kusaka S, Wardle D A, et al. 2013. Changes in stable nitrogen and carbon isotope ratios of plants and soil across a boreal forest fire chronosequence. Plant Soil, 367: 111-119.

Jaatinen K, Knief C, Dunfield P F, et al. 2004. Methanotrophic bacteria in boreal forest soil after fire. FEMS Microbiol Ecol, 50(3): 195-202.

Jabiol J, Lecerf A, Lamothe S, et al. 2019. Litter quality modulates effects of dissolved nitrogen on leaf decomposition by stream microbial communities. Microb Ecol, 77(4): 959-966.

Jackson B G, Nilsson M C, Wardle D A. 2013. The effects of the moss layer on the decomposition of intercepted vascular plant litter across a post-fire boreal forest chronosequence. Plant Soil, 367(1-2): 199-214.

Jan B, Charlene J, Chown S L, et al. 2011. Variation in decomposition rates in the fynbos biome, South Africa: The role of plant species and plant stoichiometry. Oecologia, 165(1): 225-235.

Jenkinson D S. 1976. The effects of biocidal treatments on metabolism in soil—IV. The decomposition of fumigated organisms in soil. Soil Biol Biochem, 8(3): 203-208.

Jennings T N, Smith J E, Cromack K, et al. 2012. Impact of postfire logging on soil bacterial and fungal communities and soil biogeochemistry in a mixed-conifer forest in central. Plant Soil, 350(1-2): 393-411.

Jensen M, Michelsen A, Gashaw M. 2001. Responses in plant, soil inorganic and microbial nutrient pools to experimental fire, ash and biomass addition in a woodland savanna. Oecologia, 128(1): 85-93.

Jiménez-Compán E, Jiménez-Morillo N, Jordán A, et al. 2015. Factors controlling short-term soil microbial response after laboratory heating. Preliminary results. EGU General Assempbly, 17: EGU2015-1072.

Joergensen R G, Brookes P C. 1990. Ninhydrin-reactive nitrogen measurements of microbial biomass in 0.5 M K_2SO_4 soil extracts. Soil Biol Biochem, 22(8): 1023-1027.

Johnson D W, Curtis P S. 2001. Effects of forest management on soil C and N storage: Meta analysis. For Ecol Manage, 140(2-3): 227-238.

Johnson D W, Edwards N T, Todd D E. 1980. Nitrogen mineralization, immobilization, and nitrification following urea fertilization of a forest soil under field and laboratory conditions. Soil Sci Soc Am J, 44(3): 610-616.

Johnson D W, Murphy J F, Susfalk R B, et al. 2005. The effects of wildfire, salvage logging, and post-fire N-fixation on the nutrient budgets of a Sierran forest. For Ecol Manage, 220(1-3): 155-165.

Johnson D W, Susfalk R B, Caldwell T G, et al. 2004. Fire effects on carbon and nitrogen budgets in forests. Water Air Soil Pollut, 4(2-3): 263-275.

Johnson D W. 1992. Nitrogen retention in forest soils. J Environ Qual, 21(1): 1-12.

Jones E B G, Hyde K D, Pang K L. 2014. Freshwater Fungi and Fungal-Like Organisms. Berlin, Germany: Walter De Gruyter: 496.

Jones G L, Tomlinson M, Owen R, et al. 2019. Shrub establishment favoured and grass dominance reduced in acid heath grassland systems cleared of invasive Rhododendron ponticum. Sci Rep, 9(1): 2239.

Jurskis V, Turner J, Lambert M J, et al. 2011. Fire and N cycling: Getting the perspective right. Appl Veg Sci, 14(3): 433-434.

Kajii Y, Kato S, Streets D G, et al. 2002. Boreal forest fires in Siberia in 1998: Estimation of area burned and emissions of pollutants by advanced very high resolution radiometer satellite data. J Geophys Res Atmos, 107(D24): 4745.

Kaschuk G, Alberton O, Hungria M. 2010. Three decades of soil microbial biomass studies in Brazilian ecosystems: Lessons learned about soil quality and indications for improving sustainability. Soil Biol Biochem, 42(1): 1-13.

Kasischke E S, Turetsky M R. 2006. Recent changes in the fire regime across the North American boreal region—spatial and temporal patterns of burning across Canada and Alaska. Geophys Res Lett, 33(9): L09703.

Kay A D, Mankowski J, Hobbie S E, et al. 2008. Long-term burning interacts with herbivory to slow decomposition. Ecology, 89(5): 1188-1194.

Kaye J P, Hart S C. 1998. Ecological restoration alters nitrogen transformations in a ponderosa pine–bunchgrass ecosystem. Ecol Appl, 8(4): 1052-1060.

Keeney D R, Bremner J M. 1966. A chemical index of soil nitrogen availability. Nature, 211(5051): 892-893.

Keeney D R, Nelson D W. 1982. Nitrogen-inorganic forms//Page A L, Miller R H, Keeney D R(Eds.). Methods of Soil Analysis, Part 2. 2nd Edition. Agronomy Monograph 9. Madison: American Society of Agronomy and Soil Science Society of America: 643-698.

Keiluweit M, Nico P, Harmon M E, et al. 2015. Long-term litter decomposition controlled by manganese redox cycling. Proc Natl Acad Sci U S A, 112(38): E5253-E5260.

Kenny S T, Cuany R L. 1990. Nitrogen accumulation and acetylene reduction activity of native lupines on disturbed mountain sites in Colorado. J Range Manage, 43(1): 49-51.

Kiehl K, Esselink P, Gettner S, et al. 2001. The impact of sheep grazing on net nitrogen mineralization rate in two temperate salt marshes. Plant Biol, 3(5): 553-560.

Kirkham D, Bartholomew W V. 1954. Equations for following nutrient transformations in soil, utilizing tracer data. Soil Sci Soc Am J, 18(1): 33-34.

Klopatek J M, Klopatek C C, DeBano L F. 1991. Fire effects on nutrient pools of woodland floor materials and soils in a pinyon-juniper ecosystem. In: Nodvin S, Waldrop T, eds. Fire and the Environment: Ecological and Cultural Perspectives. United States Department of Agriculture, Forest Service General Technical Report SE-69: 154-159.

Klopatek J M, Klopatek C C, DeBano L F. 1990. Potential variation of nitrogen transformations in pinyon-juniper ecosystems resulting from burning. Biol Fertil Soils, 10(1): 35-44.

Knelman J E, Graham E B, Ferrenberg S, et al. 2017. Rapid shifts in soil nutrients and decomposition enzyme activity in early succession following forest fire. Forests, 8(9): 347.

Knelman J E, Graham E B, Trahan N A, et al. 2015. Fire severity shapes plant colonization effects on bacterial community structure, microbial biomass, and soil enzyme activity in secondary succession of a burned forest. Soil Biol Biochem, 90: 161-168.

Knicker H. 2007. How does fire affect the nature and stability of soil organic nitrogen and carbon? A review. Biogeochemistry, 85(1): 91-118.

Knops J M H, Ritchie M E, Tilman D. 2000. Selective herbivory on a nitrogen fixing legume(*Lathyrus venosus*) influences productivity and ecosystem nitrogen pools in an oak savanna. Ecoscience, 7(2): 166-174.

Kolka R K, Sturtevant B R, Miesel J R, et al. 2017. Emissions of forest floor and mineral soil carbon, nitrogen and mercury pools and relationships with fire severity for the Pagami Creek Fire in the Boreal Forest of northern Minnesota. Int J Wildland Fire, 26(4): 296-305.

Kong J J, Yang J, Chu H Y, et al. 2015. Effects of wildfire and topography on soil nitrogen availability in a boreal larch forest of northeastern. Int J Wildland Fire, 24(3): 433-442.

Korhonen J F J, Pihlatie M, Pumpanen J, et al. 2013. Nitrogen balance of a boreal Scots pine forest. Biogeosciences, 10: 1083-1095.

Köster K, Berninger F, Heinonsalo J, et al. 2016. The long-term impact of low-intensity surface fires on litter decomposition and enzyme activities in boreal coniferous forests. Int J Wildland Fire, 25(2): 213-223.

Kovacic D A, Swift D M, Ellis J E, et al. 1986. Immediate effects of prescribed burning on mineral soil nitrogen in ponderosa pine of New Mexico. Soil Sci, 141(1): 71-76.

Koyama A, Stephan K, Kavanagh K L. 2011. Fire effects on gross inorganic N transformation in riparian soils in coniferous forests of central Idaho, USA: wildfires v. prescribed fires. Int J Wildland Fire, 21: 69-78.

Kraemer J F, Hermann R K. 1979. Broadcast burning: 25-year effects on forest soils in the western flanks of the Cascade Mountains. For Sci, 25(3): 427-439.

Kumar K S, Sajwan K S, Alva A K, et al. 2007. Effects of surface fire on litter decomposition and occurrence of microfungi in a *Cymbopogon* polyneuros dominated grassland. Archives of Agronomy and Soil Sci, 53(2): 205-219.

Laungani R, Knops J M H. 2012. Microbial immobilization drives nitrogen cycling differences among plant species. Oikos, 121(11): 1840-1848.

Liu L, Gundersen P, Zhang T, et al. 2012. Effects of phosphorus addition on soil microbial biomass and community composition in three forest types in tropical China. Soil Biol Biochem, 44(1): 31-38.

Liu X R, Dong Y S, Ren J Q, et al. 2010. Drivers of soil net nitrogen mineralization in the temperate grasslands in Inner Mongolia, China. Nutr Cycl Agroecosyst, 87(1): 59-69.

Liu Y, Wang L F, He R L, et al. 2019. Higher soil fauna abundance accelerates litter carbon release across an alpine forest-tundra ecotone. Sci Rep, 9(1): 10561.

Li X Y, Rennenberg H, Simon J. 2016. Seasonal variation in N uptake strategies in the understorey of a beech-dominated N-limited forest ecosystem depends on N source and species. Tree Physiol, 36(5): 589-600.

Long J R D, Dorrepaal E, Kardol P, et al. 2016. Understory plant functional groups and litter species identity are stronger drivers of litter decomposition than warming along a boreal forest post-fire successional gradient. Soil Biol Biochem, 98: 159-170.

López-Mondéjar R, Brabcová V, Štursová M, et al. 2018. Decomposer food web in a deciduous forest shows high share of generalist microorganisms and importance of microbial biomass recycling. ISME J, 12(7): 1768-1778.

Lovett G M, Weathers K C, Arthur M A, et al. 2004. Nitrogen cycling in a northern hardwood forest: do species matter? Biogeochemistry, 67(3): 289-308.

Ludwig S M, Alexander H D, Kielland K, et al. 2018. Fire severity effects on soil carbon and nutrients and microbial processes in a Siberian larch forest. Glob Chang Biol, 24(12): 5841-5852.

Luo Y Q, Su B, Currie W S, et al. 2004. Progressive nitrogen limitation of ecosystem responses to rising atmospheric carbon dioxide. Bioscience, 54(8): 731-739.

Luo Y Q, Field C B, Jackson R B, et al. 2006. Does nitrogen constrain carbon cycling, or does carbon input stimulate nitrogen cycling? Ecology, 87(1): 3-4.

Mabuhay J A, Nakagoshi N, Isagi Y J. 2006. Soil microbial biomass, abundance, and diversity in a Japanese red pine forest: First year after fire. J For Res, 11(3): 165-173.

Mackenzie M D, Deluca T H, Sala A. 2006. Fire exclusion and nitrogen mineralization in low elevation forests of western Montana. Soil Biol Biochem, 38(5): 952-961.

Ma C, Yin X Q, Wang H X, et al. 2019. Soil fauna effect on *Dryas octopetala* litter decomposition in an *Alpine tundra* of the Changbai Mountains, China. Alp Bot, 129(1): 53-62.

Maliondo S M S, Malimbwi R E, Temu R P C, et al. 2000. Fire impact on population structure and diversity of tree species in West Usambara camphor zone forests. J Trop For Sci, 12(3): 472-481.

Marumoto T, Anderson J P E, Domsch K H. 1982. Mineralization of nutrients from soil microbial biomass. Soil Biol Biochem, 14(5): 469-475.

Mary B, Recous S, Robin D. 1998. A model for calculating nitrogen fluxes in soil using ^{15}N tracing. Soil Biol Biochem, 30(14): 1963-1979.

Mayor Á G, Goirán S B, Vallejo V R, et al. 2016. Variation in soil enzyme activity as a function of vegetation amount, type, and spatial structure in fire-prone Mediterranean shrublands. Sci Total Environ, 573: 1209-1216.

McClaugherty C A, Pastor J, Aber J D, et al. 1985. Forest litter decomposition in relation to soil nitrogen dynamics and litter quality. Ecology, 66(1): 266-275.

Mckey D. 1994. Legumes and nitrogen: the evolutionary ecology of a nitrogen-demanding lifestyle. In: Sprent JI, McKey D, Eds. Advances in Legume Systematics 5: the Nitrogen Factor. Royal Botanic Gardens Kew, 5: 211-228.

Mendham D S, Heagney E C, Corbeels M, et al. 2004. Soil particulate organic matter effects on nitrogen availability after afforestation with *Eucalyptus globulus*. Soil Biol Biochem, 36(7): 1067-1074.

Menyailo O V, Hungate B A, Zech W. 2002. The effect of single tree species on soil microbial activities related to C and N cycling in the Siberian artificial afforestation experiment. Plant Soil, 242: 183-196.

Mitchard E T A. 2018. The tropical forest carbon cycle and climate change. Nature, 559(7715): 527-534.

Miyajima T, Wada E, Hanba Y T, et al. 1997. Anaerobic mineralization of indigenous organic matters and methanogenesis in tropical wetland soils. Geochim Cosmochim Acta, 61(17): 3739-3751.

Mondinia C, Insam H. 2003. Community level physiological profiling as a tool to evaluate compost maturity: A kinetic approach. Eur J Soil Biol, 39(3): 141-148.

Monleon V J, Cromack K, Landsberg J D. 1997. Short-and long-term effects of prescribed underburning on nitrogen availability in ponderosa pine stands in central Oregon. Can J For Res, 27(3): 369-378.

Moreau D, Bardgett R D, Finlay R D, et al. 2019. A plant perspective on nitrogen cycling in the rhizosphere. Funct Ecol, 33(4): 540-552.

Morris W F, Wood D M. 1989. The role of lupine in succession on Mount St. Helens: facilitation or inhibition? Ecology, 70(3): 697-703.

Morrison I K. 2003. Decomposition and element release from confined jack pine needle litter on and in the feathermoss layer. Can J For Res, 33(1): 16-22.

Murphy D V, Recous S, Stockdale E A. 2003. Gross nitrogen fluxes in soil: Theory, measurement and application of ^{15}N pool dilution techniques. Adv Agron, 79: 69-118.

Musetta-Lambert J, Muto E, Kreutzweiser D, et al. 2017. Wildfire in boreal forest catchments influences leaf litter subsidies and consumer communities in streams: Implications for riparian management strategies. For Ecol Manage, 391: 29-41.

Muyzer G, De Waal E C, Uitterlinden A G. 1993. Profiling of complex microbial populations by denaturing gradient gel electrophoresis analysis of polymerase chain reaction-amplified genes coding for 16S rRNA. J Appl Environ Microbiol, 59(3): 695-700.

Myrold D D, Tiedje J M. 1986. Simultaneous estimation of several nitrogen cycle rates using ^{15}N: Theory and application. Soil Biol Biochem, 18(6): 559-568.

Nardoto G B, da Cunha B M M. 2003. Efeitos do fogo na dinâmica do nitrogênio no solo e biomassa microbiana em área de Cerrado. Pesquisa Agropecuária Brasileira, 38: 955-962.

Narteh L T, Sahrawat K L. 1997. Potentially mineralizable nitrogen in West African lowland rice soils. Geoderma, 76(1-2): 145-154.

Neary D G, Klopatek C C, DeBano L F, et al. 1999. Fire effects on belowground sustainability: A review and synthesis. For Ecol Manage, 122(1-2): 51-71.

Nikolenko O, Jurado A, Borges A V, et al. 2018. Isotopic composition of nitrogen species in groundwater under agricultural areas: A review. Sci Total Environ, 621: 1415-1432.

Ocio J A, Brookes P C, Jenkinson D S. 1991. Field incorporation of straw and its effects on soil microbial biomass and soil inorganic N. Soil Biol Biochem, 23(2): 171-176.

Ojeda F, Pausas J G, Verdú M. 2010. Soil shapes community structure through fire. Oecologia, 163(3): 729-735.

Ojima D S, Schimel D S, Parton W J, et al. 1994. Long- and short-term effects of fire on nitrogen cycling in tallgrass prairie. Biogeochemistry, 24(2): 67-84.

Olson J S. 1963. Energy storage and the balance of producers and decomposers in ecological systems. Ecology, 44(2): 322-331.

Osburn E D, Elliottt K J, Knoepp J D, et al. 2018. Soil microbial response to *Rhododendron* understory removal in southern Appalachian forests: Effects on extracellular enzymes. Soil Biol Biochem, 127: 50-59.

Oxbrough A G, Gittings T, O'Halloran J, et al. 2007. Biodiversity of the ground-dwelling spider fauna of afforestation habitats. Appl Soil Ecol, 120(2-4): 433-441.

Palese A M, Giovannini G, Lucchesi S, et al. 2004. Effect of fire on soil C, N and microbial biomass. Agronomie, 24(1): 47-53.

Park J C, Chung D Y, Han G H. 2012. Effects of bottom ash amendment on soil respiration and microbial biomass under anaerobic conditions. Hanguk. Toyang Piryo Hakhoe Chi, 45(2): 260-265.

Pellegrini A F A, Ahlström A, Hobbie S E, et al. 2018. Fire frequency drives decadal changes in soil carbon and nitrogen and ecosystem productivity. Nature, 553(7687): 194-198.

Petraitis P S, Latham R E, Niesenbaum R A. 1989. The maintenance of species diversity by disturbance. Q Rev Biol, 64(4): 393-418.

Pielou E C. 1969. An introduction to mathematical ecology. Bioscience, 24: 7-12.

Pietikäinen J, Hiukka R, Fritze H. 2000a. Does short-term heating of forest humus change its properties as a substrate for microbes?. Soil Biol Biochem, 32(2): 277-288.

Pietikäinen J, Kiikkilä O, Fritze H. 2000b. Charcoal as a habitat for microbes and its effect on the microbial community of the underlying humus. Oikos, 89(2): 231-242.

Popova A S, Tokuchi N, Ohte N, et al. 2013. Nitrogen availability in the taiga forest ecosystem of northeastern Siberia. Soil Sci Plant Nutr, 59(3): 427-441.

Prieto-Fernández A, Acea M J, Carballas T. 1998. Soil microbial and extractable C and N after wildfire. Biol Fertil Soils, 27(2): 132-142.

Prieto-Fernández A, Villar M C, Carballas M, et al. 1993. Short-term effects of a wildfire on the nitrogen status and its mineralization kinetics in an Atlantic forest soil. Soil Biol Biochem, 25(12): 1657-1664.

Pritchett W L. 1979. Properties and Management of Forest Soils. New York: John Wiley Sons Inc.: 500.

Pugh T A M, Arneth A, Kautz M, et al. 2019. Important role of forest disturbances in the global biomass turnover and carbon sinks. Nat Geosci, 12(9): 730-735.

Rachid A F. 2014. Effect of prescribed fire on soil microbial biomass in a Mediterranean forest (*Pinus halepensis*) ecosystem around Montpellier city, south of France. Int J Agric Res, 4(6): 1-10.

Raison R J. 1979. Modification of the soil environment by vegetation fires, with particular reference to nitrogen transformations: A review. Plant Soil, 51(1): 73-108.

Raison R J, Connell M J, Khanna P K. 1987. Methodology for studying fluxes of soil mineral-N *in situ*. Soil Biol Biochem, 19(5): 521-530.

Raison R J, Woods P V, Jakobsen B F, et al. 1986a. Soil temperatures during and following low-intensity prescribed burning in a *Eucalyptus pauciflora* forest. Aust J Soil Res, 24(1): 33-47.

Raison R J, Woods P V, Khanna P K. 1986b. Decomposition and accumulation of litter after fire in sub-alpine eucalypt forests. Austral J Ecol, 11(1): 9-19.

Rapp M. 1990. Nitrogen status and mineralization in natural and disturbed Mediterranean forests and coppices. Plant Soil, 128(1): 21-30.

Rau B M, Blank R R, Chambers J C, et al. 2007. Prescribed fire in a Great Basin sagebrush ecosystem: Dynamics of soil extractable nitrogen and phosphorus. J Arid Environ, 71(4): 362-375.

Rau B M, Chambers J C, Blank R R, et al. 2008. Prescribed fire, soil, and plants: burn effects and interactions in the central Great Basin. Rangel Ecol Manag, 61(2): 169-181.

Reich P B, Grigal D F, Aber J D, et al. 1997. Nitrogen mineralization and productivity in 50 hardwood and conifer stands on diverse soils. Ecology, 78(2): 335-347.

Reverchon F, Xu Z, Blumfield T J. 2012. Impact of global climate change and fire on the occurrence and function of understorey legumes in forest ecosystems. J Soils Sediments, 12(2): 150-160.

Rhoades C C, Coleman D C. 1999. Nitrogen mineralization and nitrification following land conversion in montane Ecuador. Soil Biol Biochem, 31(10): 1347-1354.

Riggan P J, Lockwood R N, Jacks P M, et al. 1994. Effects of fire severity on nitrate mobilization in watersheds subject to chronic atmospheric deposition. Environ Sci Technol, 28(3): 369-375.

Ritchie M E, Tilman D. 1995. Responses of legumes to herbivores and nutrients during succession on a nitrogen-poor soil. Ecology, 76(8): 2648-2655.

Robson T M, Baptist F, Clément J C. 2010. Land use in subalpine grasslands affects nitrogen cycling via changes in plant community and soil microbial uptake dynamics. J Ecol, 98(1): 62-73.

Rodrigo A, Arnan X, Retana J. 2012. Relevance of soil seed bank and seed rain to immediate seed supply after a large wildfire. Int J Wildland Fire, 21(4): 449-458.

Ross D J, Sparling G P, Burke C M, et al. 1995. Microbial biomass C and N, and mineralizable-N, in litter and mineral soil under *Pinus radiata* on a coastal sand: Influence of stand age and harvest management. Plant Soil, 175(2): 167-177.

Sabo K E, Hart S C, Sieg C H, et al. 2008. Tradeoffs in overstory and understory aboveground net primary productivity in southwestern ponderosa pine stands. For Sci, 54(4): 408-416.

Santín C, Doerr S H, Merino A, et al. 2016. Forest floor chemical transformations in a boreal forest fire and their correlations with temperature and heating duration. Geoderma, 264(A): 71-80.

Santín C, Otero X L, Doerr S H, et al. 2018. Impact of a moderate/high-severity prescribed eucalypt forest fire on soil phosphorous stocks and partitioning. Sci Total Environ, 621: 1103-1114.

Saura-Mas S, Estiarte M, Peñuelas J, et al. 2012. Effects of climate change on leaf litter decomposition across post-fire plant regenerative groups. Environ Exp Bot, 77: 274-282.

Schafer J L, Mack M C. 2018. Nutrient limitation of plant productivity in scrubby flatwoods: Does fire shift nitrogen versus phosphorus limitation? Plant Ecol, 219: 1063-1079.

Schaller J, Hodson M J, Struyf E, et al. 2017. Is relative Si/Ca availability crucial to the performance of grassland ecosystems? Ecosphere, 8(3): e01726.

Shakesby R A, Doerr S H. 2006. Wildfire as a hydrological and geomorphological agent. Earth Sci Rev, 74(3-4): 269-307.

Sharma G D. 1981. Effect of fire on soil microorganisms in a Meghalaya pine forest. Folia Microbiol, 26(4): 321-327.

Shen S M, Pruden G, Jenkinson D S. 1984. Mineralization and immobilization of nitrogen in fumigated soil and the measurement of microbial biomass nitrogen. Soil Biol Biochem, 16(5): 437-444.

Smith J L, Mcneal B L, Owens E J, et al. 1981. Comparison of nitrogen mineralized under anaerobic and aerobic conditions for some agricultural and forest soils of Washington. Commun Soil Sci Plant Anal, 12(10): 997-1009.

Smith S W, Speed J D M, Bukombe J, et al. 2019. Litter type and termites regulate root decomposition across contrasting savanna land-uses. Oikos, 128(4): 596-607.

Smithwick E A H, Turner M G, Metzger K L, et al. 2005a. Variation in NH_4^+ mineralization and microbial communities with stand age in lodgepole pine (*Pinus contorta*) forests, Yellowstone National Park (USA). Soil Biol Biochem, 37(8): 1546-1559.

Smithwick E A H, Turner M G, Mack M C, et al. 2005b. Postfire soil N cycling in northern conifer forests affected by severe, stand-replacing wildfires. Ecosystems, 8(2): 163-181.

Sparling G P, Ross D J. 1988. Microbial contributions to the increased nitrogen mineralization after air-drying of soils. Plant Soil, 105: 163-167.

Spehn E M, Scherer-Lorenzen M, Schmid B, et al. 2002. The role of legumes as a component of biodiversity in a cross-European study of grassland biomass nitrogen. Oikos, 98(2): 205-218.

Springett J A. 1979. The effects of a single hot summer fire on soil fauna and on litter decomposition in jarrah (*Eucalyptus marginata*) forest in Western Australia. Austral Ecol, 4(3): 279-291.

Stanford G, Smith S J. 1972. Nitrogen mineralization potential of soils. Soil Sci Soc Am J, 36(3): 465-472.

Stefanowicz A. 2006. The biolog plates technique as a tool in ecological studies of microbial communities. Pol J Environ Stud, 15(5): 669-676.

Stevenson F J, Cole M A. 1999. Cycles of soils: carbon, nitrogen, phosphorus, sulfur, micronutrients. New York: John Wiley and Sons: 273-275.

Stirling E, Macdonald L M, Smernik R J, et al. 2019. Post fire litters are richer in water soluble carbon and lead to increased microbial activity. Appl Soil Ecol, 136: 101-105.

Talhelm A F, Smith A M S. 2018. Litter moisture adsorption is tied to tissue structure, chemistry, and energy concentration. Ecosphere, 9(4): e02198.

Taylor Q A, Midgley M G. 2018. Prescription side effects: Long-term, high-frequency controlled burning enhances nitrogen availability in an Illinois oak-dominated forest. For Ecol Manage, 411: 82-89.

Templer P H, Groffman P M, Flecker A S, et al. 2005. Land use change and soil nutrient transformations in the Los Haitises region of the Dominican Republic. Soil Biol Biochem, 37(2): 215-225.

Thornley J H M, Cannell M G R. 2001. Soil carbon storage response to temperature: an hypothesis. Ann Bot, 87(5): 591-598.

Throop H L，Salem M A，Whitford W G，et al. 2017. Fire enhances litter decomposition and reduces vegetation cover influences on decomposition in a dry woodland. Plant Ecol，218(7)：799-811.

Toberman H，Chen C，Lewis T，et al. 2014. High-frequency fire alters C:N:P stoichiometry in forest litter. Glob Chang Biol，20(7)：2321-2331.

Turner M G，Romme W H，Smithwick E A H，et al. 2011. Variation in aboveground cover influences soil nitrogen availability at fine spatial scales following severe fire in subalpine conifer forests. Ecosystems，14(7)：1081-1095.

Turner M G，Smithwick E A H，Metzger K L，et al. 2007. Inorganic nitrogen availability after severe stand-replacing fire in the Greater Yellowstone ecosystem. Proc Natl Acad Sci U S A，104(12)：4782-4789.

Ulanowicz R E. 2001. Information theory in ecology. Computers and Chemistry，25(4)：393-399.

Urgenson L S，Ryan C M，Halpern C B，et al. 2017. Erratum to：Visions of restoration in fire-adapted forest landscapes：Lessons from the collaborative Forest landscape restoration program. Environ Manage，59(2)：354-355.

Van Der Heijden M G A，Bardgett R D，Van Straalen N M，et al. 2008. The unseen majority：soil microbes as drivers of plant diversity and productivity in terrestrial ecosystems. Ecol Lett，11(3)：296-310.

Van Gestel M，Ladd J N，Amato M. 1992. Microbial biomass responses to seasonal change and imposed drying regimes at increasing depths of undisturbed topsoil profiles. Soil Biol Biochem，24(2)：103-111.

Vild O，Kalwij J M，Hédl R. 2015. Effects of simulated historical tree litter raking on the understorey vegetation in a central European forest. Appl Veg Sci，18(4)：569-578.

Vitousek P M，Aber J D，Howarth R W，et al. 1997. Human alteration of the global nitrogen cycle：Sources and consequences. Ecol Appl，7(3)：737-750.

Vitousek P M，Hättenschwiler S，Olander，et al. 2002. Nitrogen and nature. AMBIO：A Journal of the Human Environment，31(2)：97-101.

Vitousek P M，Porder S，Houlton B Z，et al. 2010. Terrestrial phosphorus limitation：Mechanisms，implications，and nitrogen–phosphorus interactions. Ecol Appl，20(1)：5-15.

Vourlitis G L，Hentz C S. 2016. Chronic N addition alters the carbon and nitrogen storage of a post–fire Mediterranean–type shrubland. J Geophys Res，121(2)：385-398.

Wan S Q，Hui D F，Luo Y Q. 2001. Fire effects on nitrogen pools and dynamics in terrestrial ecosystems：A meta-analysis. Ecol Appl，11(5)：1349-1365.

Wang C K，Gower S T，Wang Y H，et al. 2001. The influence of fire on carbon distribution and net primary production of boreal *Larix gmelinii* forests in north-eastern China. Glob Chang Biol，7(6)：719-730.

Wang C H，Wan S Q，Xing X R，et al. 2006. Temperature and soil moisture interactively affected soil net N mineralization in temperate grassland in Northern China. Soil Biol Biochem，38(5)：1101-1110.

Wang Q，Kwak J，H Choi W J，et al. 2019a. Long-term N and S addition and changed litter chemistry do not affect trembling aspen leaf litter decomposition，elemental composition and enzyme activity in a boreal forest. Environ Pollut，250：143-154.

Wang W Q，Wang C.，Sardans J，et al. 2015. Plant invasive success associated with higher N-use efficiency and stoichiometric shifts in the soil–plant system in the Minjiang River tidal estuarine wetlands of China. Wetl Ecol Manag，23(5)：865-880.

Wang X G，Lu X T，Han X G. 2014a. Responses of nutrient concentrations and stoichiometry of senesced leaves in dominant plants to nitrogen addition and prescribed burning in a temperate steppe. Ecol Eng，70：54-161.

Wang Y Z，Zheng J Q，Xu Z H，et al. 2019b. Effects of changed litter inputs on soil labile carbon and nitrogen pools in a eucalyptus-dominated forest of southeast Queensland，Australia. J Soils Sediments，19(4)：1661-1671.

Wang Y Z，Xu Z H，Zhou Q X. 2014b. Impact of fire on soil gross nitrogen transformations in forest ecosystems. J Soils

Sediments，14(6)：1030-1040.

Wardle D A，Bardgett R D，Klironomos J N，et al. 2004. Ecological linkages between aboveground and belowground biota. Science，304(5677)：1629-1633.

Wardle D A，Hörnberg G，Zackrisson O，et al. 2003. Long-term effects of wildfire on ecosystem properties across an island area gradient. Science，300(5621)：972-975.

Wardle D A，Nilsson M C，Zackrisson O，et al. 2008. Fire-derived charcoal causes loss of forest humus. Science，320(5876)：629.

Waring S A，Bremner J M. 1964. Ammonium production in soil under waterlogged conditions as an index of nitrogen availability. Nature，201(4922)：951-952.

Weber M G，Stocks B J. 1998. Forest fires and sustainability in the boreal forests of Canada. Ambio，27(7)：545-550.

Wesely M L，Hicks B B. 2000. A review of the current status of knowledge on dry deposition. Atmos Environ，34(12-14)：2261-2282.

White C S. 1986. Volatile and water-soluble inhibitors of nitrogen mineralization and nitrification in a ponderosa pine ecosystem. Biol Fertil Soils，2(2)：97-104.

Wilson C A，Mitchell R J，Boring L R，et al. 2002. Soil nitrogen dynamics in a fire-maintained forest ecosystem：results over a 3-year burn interval. Soil Biol Biochem，34(5)：679-689.

Wright R J，Hart S C. 1997. Nitrogen and phosphorus status in a ponderosa pine forest after 20 years of interval burning. Ecoscience，4(4)：526-533.

Wu J，Joergensen R G，Pommerening B，et al. 1990. Measurement of soil microbial biomass C by fumigation-extraction—an automated procedure. Soil Biol Biochem，22(8)：1167-1169.

Wu J，Liu Q，Wang L，et al. 2016. Vegetation and climate change during the last deglaciation in the great Khingan Mountain，Northeastern China. PLoS One，11(1)：e0146261.

Wu Y T，Gutknecht J，Nadrowski K，et al. 2012. Relationships between soil microorganisms，plant communities，and soil characteristics in Chinese subtropical forests. Ecosystems，15(4)：624-636.

Xiao W Y，Chen H Y，Kumar P，et al. 2019. Multiple interactions between tree composition and diversity and microbial diversity underly litter decomposition. Geoderma，341：161-171.

Xu N，Tan G C，Wang H Y，et al. 2016. Effect of biochar additions to soil on nitrogen leaching，microbial biomass and bacterial community structure. Eur Soil Biol，74：1-8.

Yan E R，Wang X H，Huang J J，et al. 2008. Decline of soil nitrogen mineralization and nitrification during forest conversion of evergreen broad-leaved forest to plantations in the subtropical area of Eastern China. Biogeochemistry，89(2)：239-251.

Yang K，Zhu J J，Zhang M，et al. 2010. Soil microbial biomass carbon and nitrogen in forest ecosystems of Northeast China：A comparison between natural secondary forest and larch plantation. J Plant Ecol，3(3)：175-182.

Yang X D，Yang Z，Warren M W，et al. 2012. Mechanical fragmentation enhances the contribution of Collembola to leaf litter decomposition. Eur J Soil Biol，53：23-31.

Yao Z S，Zheng X H，Xie B H，et al. 2009. Comparison of manual and automated chambers for field measurements of N_2O，CH_4，CO_2 fluxes from cultivated land. Atmos Environ，43(11)：1888-1896.

Yermakov Z，Rothstein D E. 2006. Changes in soil carbon and nitrogen cycling along a 72-year wildfire chronosequence in Michigan jack pine forests. Oecologia，149(4)：690-700.

Yin R，Eisenhauer N，Schmidt A，et al. 2019. Climate change does not alter land-use effects on soil fauna communities. Appl Soil Ecol，140：1-10.

Yoshino T，Dei Y. 1974. Patterns of nitrogen release in paddy soils predicted by an incubation method. Agric Res Quart，

8(3)：136-141.

Zaman M，Di H J，Cameron K C，et al. 1999. Gross nitrogen mineralization and nitrification rates and their relationships to enzyme activities and the soil microbial biomass in soils treated with dairy shed effluent and ammonium fertilizer at different water potentials. Biol Fertil Soils，29(2)：178-186.

Zechmeister-Boltenstern S，Hahn M，Meger S，et al. 2002. Nitrous oxide emissions and nitrate leaching in relation to microbial biomass dynamics in a beech forest soil. Soil Biol Biochem，34(6)：823-832.

Zhang D Q，Hui D F，Luo Y Q，et al. 2008a. Rates of litter decomposition in terrestrial ecosystems: Global patterns and controlling factors. J Plant Ecol，1(2)：85-93.

Zhang J B，Zhu T B，Cai Z C，et al. 2011. Nitrogen cycling in forest soils across climate gradients in Eastern China. Plant Soil，342(1-2)：419-432.

Zhang X L，Wang Q B，Li L H，et al. 2008b. Seasonal variations in nitrogen mineralization under three land use types in a grassland landscape. Acta Oecol，34(3)：322-330.

Zhao H，Sun J，Xu X L，et al. 2017. Stoichiometry of soil microbial biomass carbon and microbial biomass nitrogen in China's temperate and alpine grasslands. Eur J Soil Biol，83：1-8.

Zhou L S，Huang J H，Lü F M，et al. 2009. Effects of prescribed burning and seasonal and interannual climate variation on nitrogen mineralization in a typical steppe in Inner Mongolia. Soil Biol Biochem，41(4)：796-803.

Zhou X，Sun H，Pumpanen J，et al. 2019. The impact of wildfire on microbial C:N:P stoichiometry and the fungal-to-bacterial ratio in permafrost soil. Biogeochemistry，142(1)：1-17.

Zhou Z H，Wang C K. 2015. Reviews and syntheses: Soil resources and climate jointly drive variations in microbial biomass carbon and nitrogen in China's forest ecosystems. Biogeosci Discuss，12(22)：6751-6760.